新时代职业教育课证融合新形态一体化教材

计算机应用基础实训教程

李振华　朱亚蒙　主编

西北工业大学出版社
西安

【内容简介】 本书从现代办公应用的实际问题出发，采用“实训引入—操作步骤—实训扩展”的案例式教学编写方式，基于 Windows 10 系统，全面介绍 Office 2019 的基础应用。本书选取的案例均与实际工作密切结合，案例的讲解遵循循序渐进的原则，并注意突出案例的趣味性、实用性和可操作性，能够给读者以启发。

本书共由 Windows 10 操作系统、Word 综合应用、Excel 综合应用和 PPT 综合应用 4 个项目构成。其中每个项目包含 2～3个实训项目，每个实训项目安排了实训扩展，供读者进行练习。

本书可作为应用型、技能型人才培养的各类“计算机应用基础”课程的教学用书，也可供各类培训者、计算机从业者和爱好者参考使用。

图书在版编目(CIP)数据

计算机应用基础实训教程/李振华，朱亚蒙主编.—西安：西北工业大学出版社，2021.2
ISBN 978-7-5612-7501-6

Ⅰ.①计… Ⅱ.①李… ②朱… Ⅲ.①电子计算机-教材 Ⅳ.①TP3

中国版本图书馆 CIP 数据核字(2021)第 030568 号

JISUANJI YINGYONG JICHU SHIXUN JIAOCHENG
计 算 机 应 用 基 础 实 训 教 程

责任编辑：曹　江　　策划编辑：孙显章
责任校对：朱晓娟　　装帧设计：李　飞
出版发行：西北工业大学出版社
通信地址：西安市友谊西路 127 号　　邮编：710072
电　　话：(029)88491757，88493844
网　　址：www.nwpup.com
印 刷 者：西安浩轩印务有限公司
开　　本：889 mm×1 194 mm　　1/16
印　　张：8.5
字　　数：282 千字
版　　次：2021 年 2 月第 1 版　　2021 年 2 月第 1 次印刷
定　　价：35.00 元

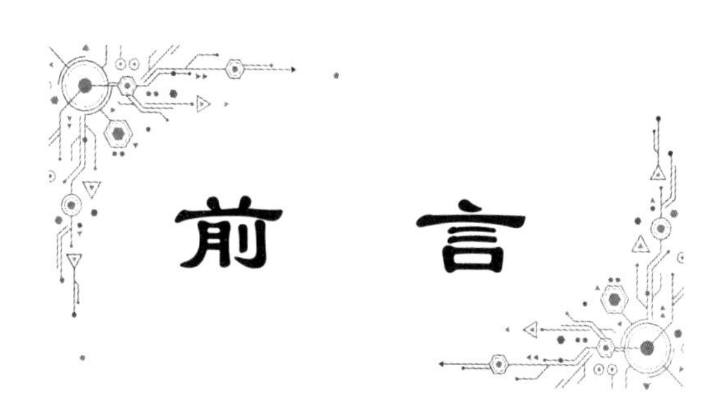

前言

随着计算机技术的不断发展，计算机的应用已融入人们社会生活的各个领域。因此，提高学生的计算机操作能力，已成为职业教育的重要任务之一。目前，职业院校计算机基础教育面临着学生的计算机应用水平参差不齐的问题，基于此，笔者在书中对教学内容和教学方法做了较大幅度的修改，采用案例教学法，将基本知识和基本功能融合到实际应用中，使学生快速地掌握计算机应用技术。教学内容包括 Windows 10 系统的基本操作以及 Office 2019 的综合应用等。

本书突出实用性，注重培养学生的实践能力，具有以下特色。

1. 基于实际需求精选案例，注重应用能力培养

按照着重培养学生自主学习能力，为今后的学习打下良好基础的原则，本书精心选择了针对性、实用性较强的案例。这些案例全部是针对学生在学习和今后工作中的实际需求而选定的具有代表性的案例。

2. 以案例为主线，构建完整的教学设计布局

为了方便学生阅读学习，本书精选的案例均与实际生活密切相关，案例的讲解遵循循序渐进、可操作性强的原则，构成完整的知识体系，并注意突出案例的趣味性、实用性和可行性，将知识点融于每个案例中。在引导读者完成每个案例的制作后，进行相应的综合练习。读者在完成案例制作的同时，能逐步掌握 Office 的各种功能与应用技巧。

3. 适合我国目前职业院校的教育教学环境

书中案例均以目前最新的 Windows 10 系统为操作平台，基于 Office 2019 办公软件，特别适合我国当前职业院校的教学环境。

本书由李振华、朱亚蒙主编，项目一、项目二由李振华编写，项目三、项目四由朱亚蒙编写。

在编写本书的过程中，笔者参考了相关教材、网站和案例，在此谨向原作者表示深深的谢意。

书稿虽经反复斟酌，多次修改，但由于水平有限，书中不足之处在所难免，欢迎广大读者批评指正。

编　者

2020 年 9 月

目　录

项目一　Windows 10 操作系统

实训引入

在平时使用计算机时，我们会打开很多窗口来进行操作，当运行程序繁多的时候，窗口的快捷管理是我们操作 Windows 10 系统所要掌握的必备技能，让我们来学习如何管理计算机的窗口吧！

操作步骤

认识窗口管理

一、窗口预览

(1)将鼠标放置到已经打开并最小化的程序上，即可看到此程序的预览界面，见图 1－1。

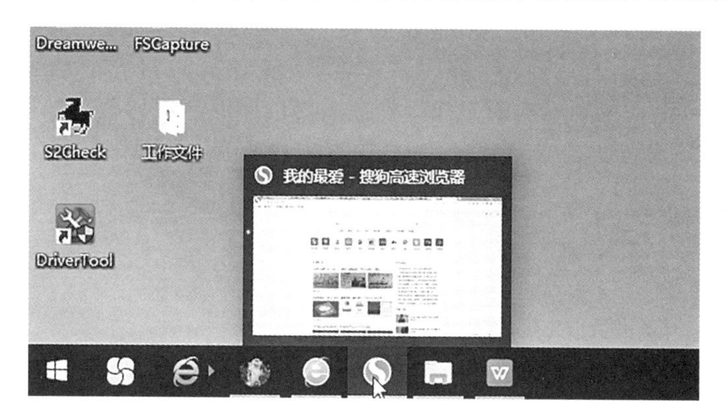

图 1－1　预览界面

(2)将鼠标放置到预览界面，不用将窗口最大化就可以看到软件界面，见图 1－2。

图 1－2　软件界面

二、窗口切换

(1)在打开多个程序时,可以使用窗口切换快捷键快速切换到所想操作的窗口。同时,按下 Alt+Tab 组合键就可以实现窗口切换,按下 Alt+Tab 组合键后的界面见图 1-3。

图 1-3　按下 Alt+Tab 组合键后的界面

(2)依次按下 Tab 键可以切换到不同的界面。选择需要操作的界面后松开 Alt+Tab 组合键,即可切换到所需操作的界面,见图 1-4。

图 1-4　切换到所需操作的界面

三、窗口操作

(1)在日常工作和学习中，我们有时需要同时使用两个工作窗口，那么就需要将窗口拉到合适位置。对Windows 10 系统提供了快捷的窗口管理方式，我们可以拖动需要操作的窗口到桌面左侧，放大后的效果见图 1-5。

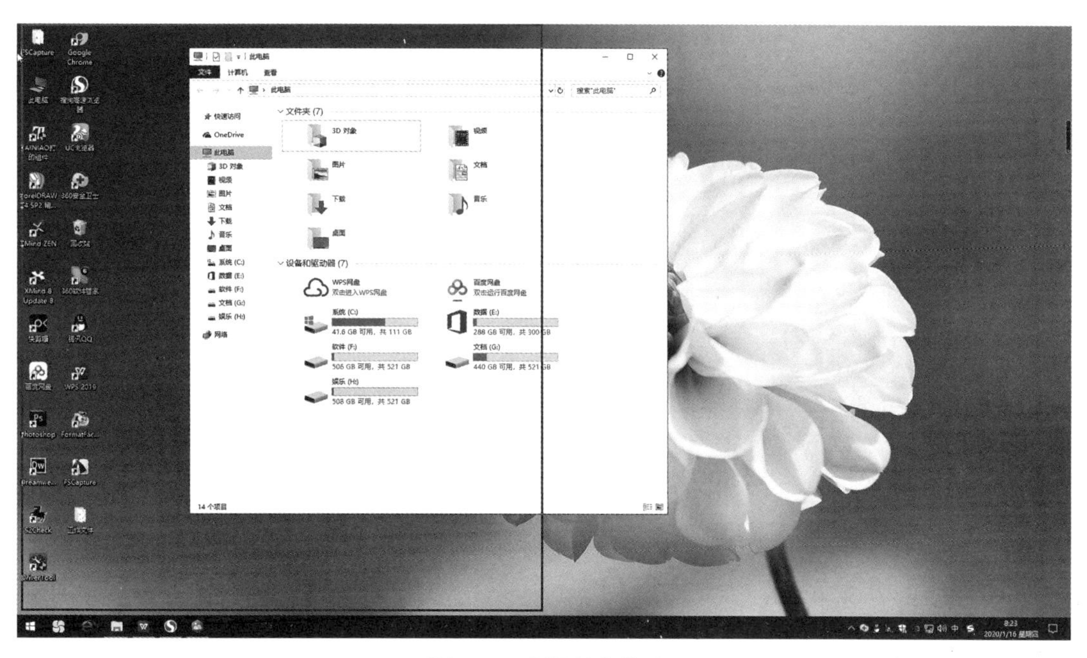

图 1-5 界面放大效果

(2)看到放大效果后松开鼠标左键，即可将窗口平铺到屏幕左侧，此时其他窗口在屏幕右侧，见图 1-6。单击需要放大的窗口，两个程序窗口就会各占屏幕一半。

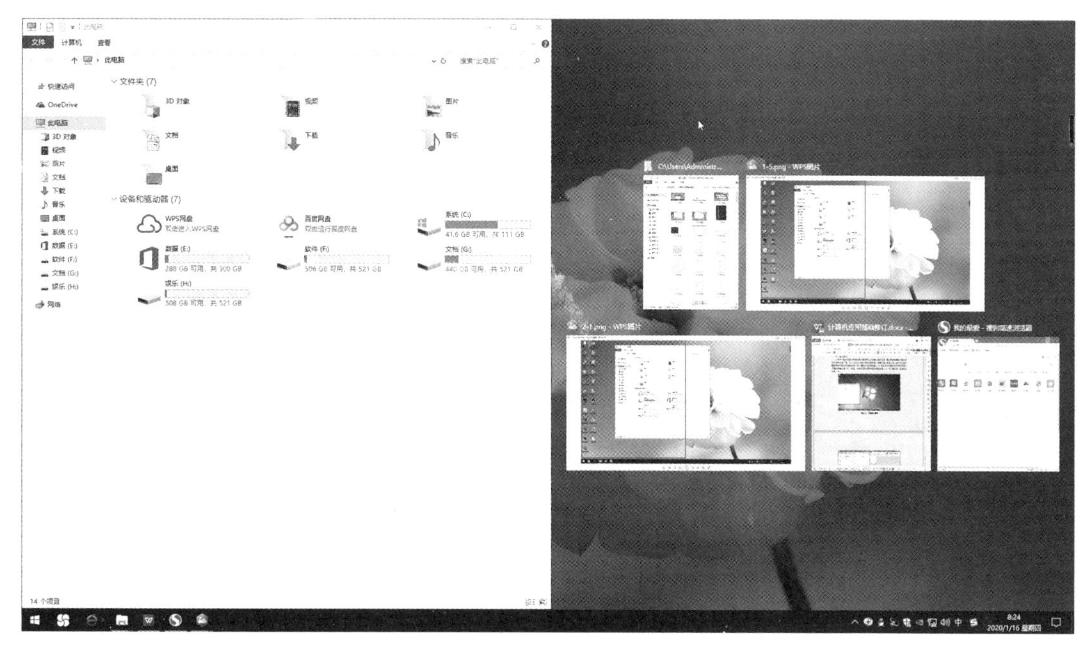

图 1-6 两个程序窗口各占屏幕一半

(3)同理，我们将窗口拖动到桌面上方，看到放大效果后松开鼠标左键，即可将窗口最大化到整个桌面，见图 1-7。

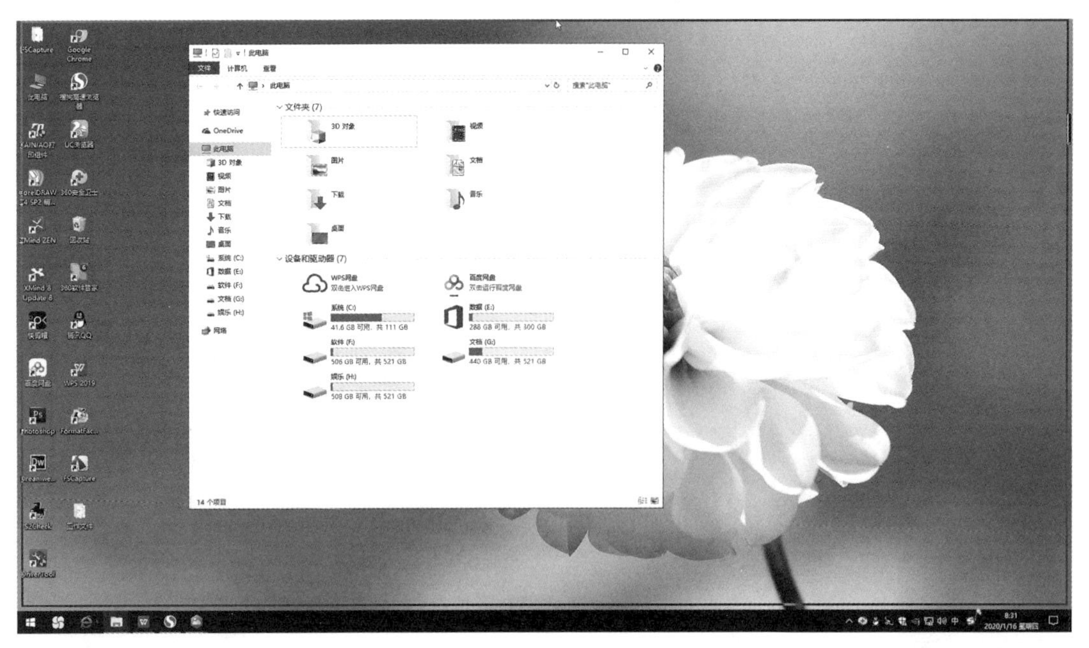

图 1-7　窗口最大化到整个桌面

四、“摇一摇”清理桌面窗口

当桌面打开的窗口太多时，会显得桌面比较凌乱，在 Windows 10 中，可以使用“摇一摇”功能进行桌面清理，鼠标左键按住正在工作的窗口，然后左右摇晃，就可以将其他窗口最小化，见图 1-8。

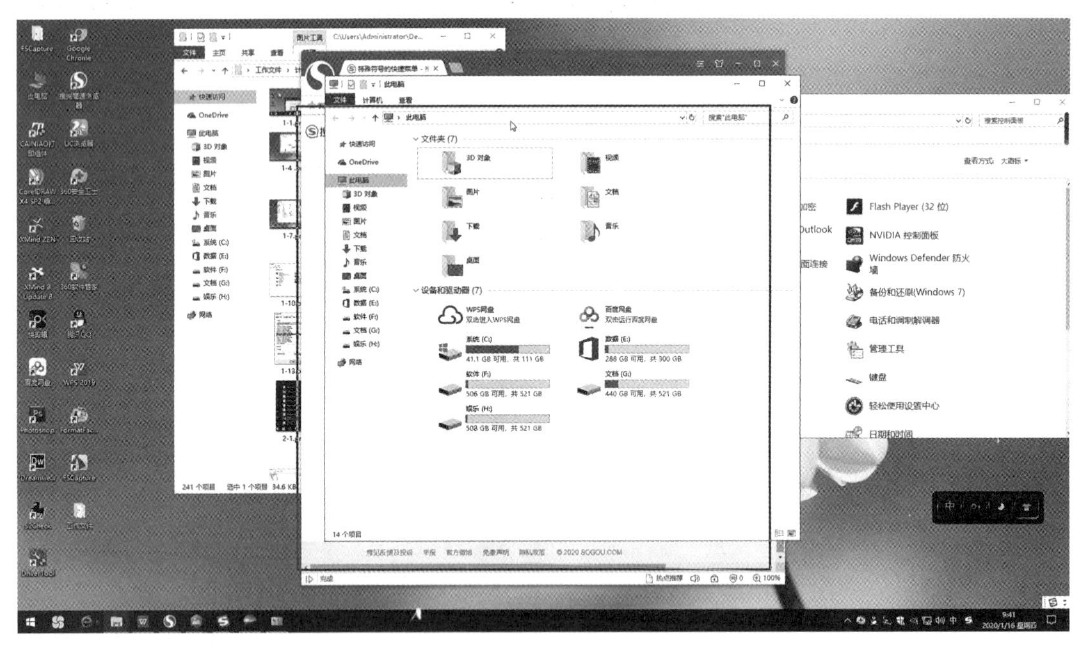

图 1-8　用“摇一摇”功能清理桌面窗口

实训扩展

快捷键能使窗口管理操作更迅捷、方便。请自行尝试练习，通过 Win+↑的组合键操作来实现窗口最大化。使用 Win+↓组合键可以还原到原始窗口。使用 Win+←(→)组合键可以很轻松地将任意两个窗口并排显示。使用 Win+Home 组合键仅保留当前程序窗口，同时将其他窗口最小化。

实训二 深入设置 Windows

实训引入

在使用 Windows 10 系统时，会时常对系统进行更深入的设置，例如调整鼠标的设置、创建账户以及设置用户权限等。那么让我们来更深入地学习 Windows 10 系统的设置方法吧！

操作步骤

设置鼠标

一、熟悉控制面板并设置鼠标

(1)在桌面左下方单击“开始”→“Windows 系统”→“控制面板”选项，见图 1-9。

图 1-9 打开“控制面板”

(2)在弹出的“控制面板”窗口中，选择“查看方式”选项中的“大图标”选项，见图 1-10。

图 1-10　选择“大图标”选项

（3）选择“大图标”后，在弹出的选项中选择“鼠标”，见图 1-11。

图 1-11　选择“鼠标”选项

（4）在弹出的“鼠标 属性”对话框中选择“指针”选项卡，见图 1-12。

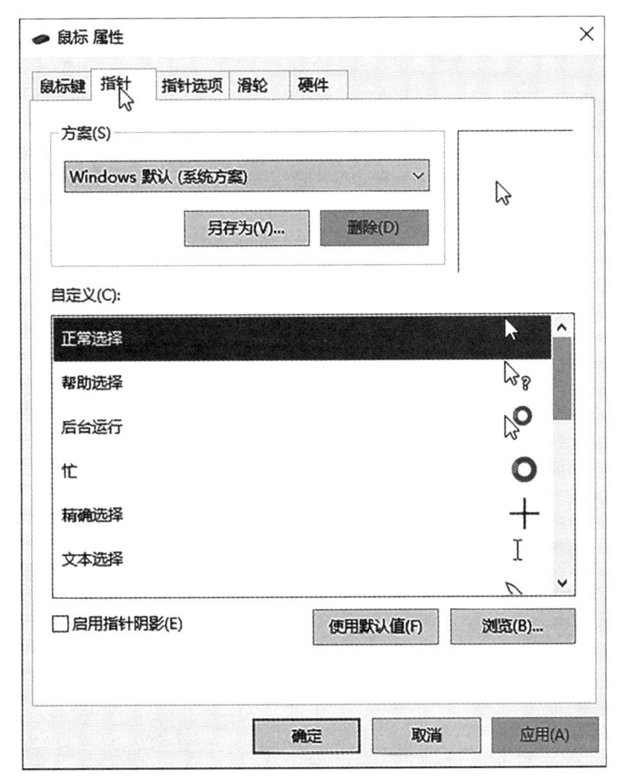

图 1－12　选择“指针”选项卡

(5)在“方案”下拉列表中选择“Windows 黑色（系统方案）”，见图 1－13。

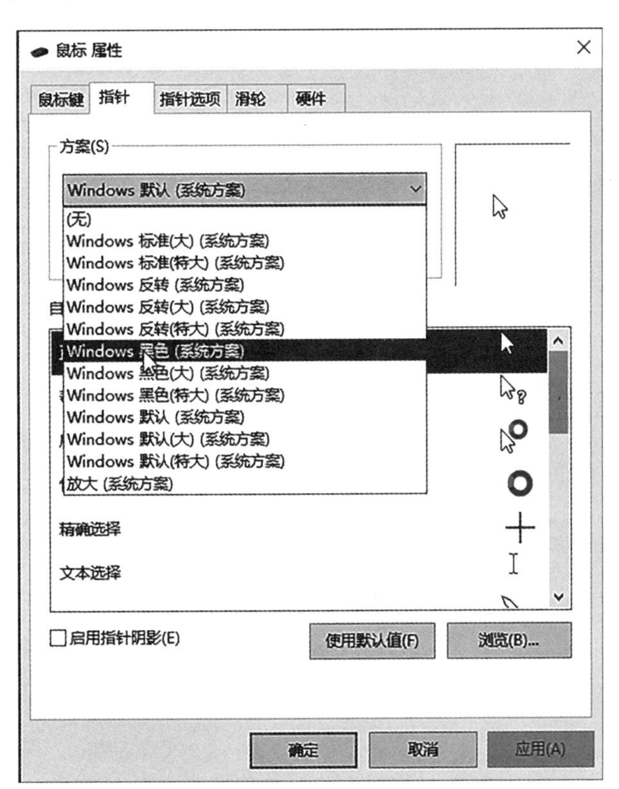

图 1－13　选择“Windows 黑色(系统方案)”

(6)更改鼠标指针方案后，鼠标效果就如预览图中的显示效果，见图 1－14。

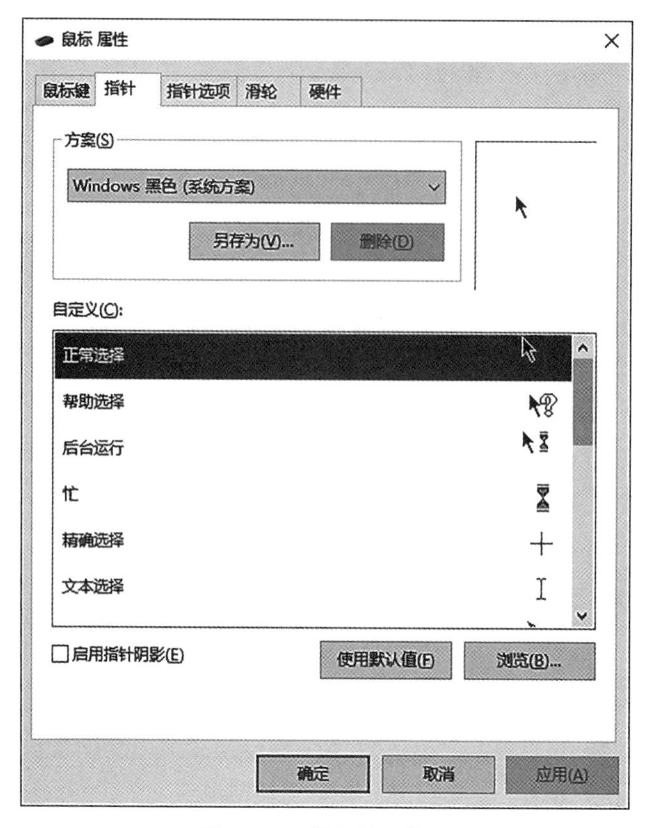

图 1-14　鼠标显示效果

(7)单击“指针选项”选项卡,对鼠标移动方式进行自定义设置,设置完毕后单击“确定”按钮即可生效,设置界面见图 1-15。

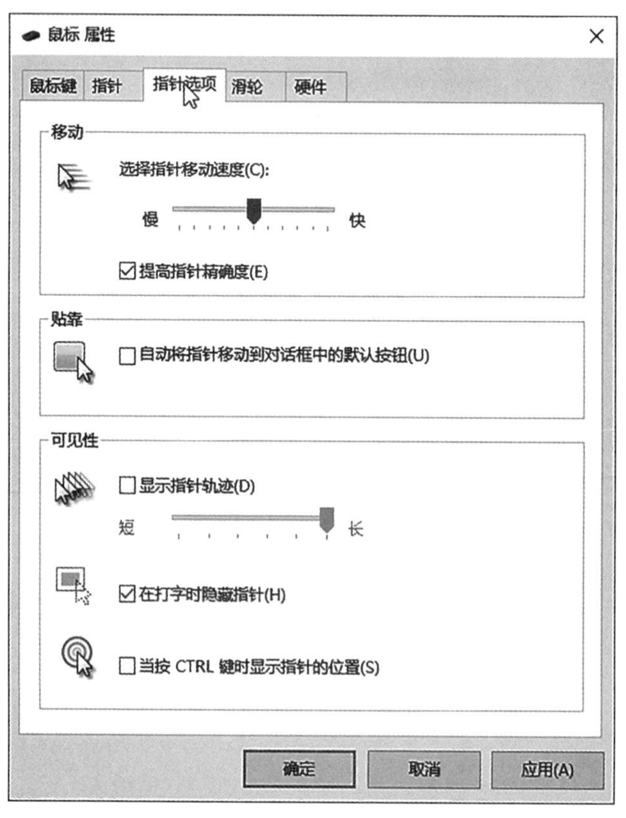

图 1-15　“指针选项”设置

二、查看计算机信息

(1)在桌面上右击“此电脑”,在弹出的快捷菜单中选择“属性”选项,见图 1-16。

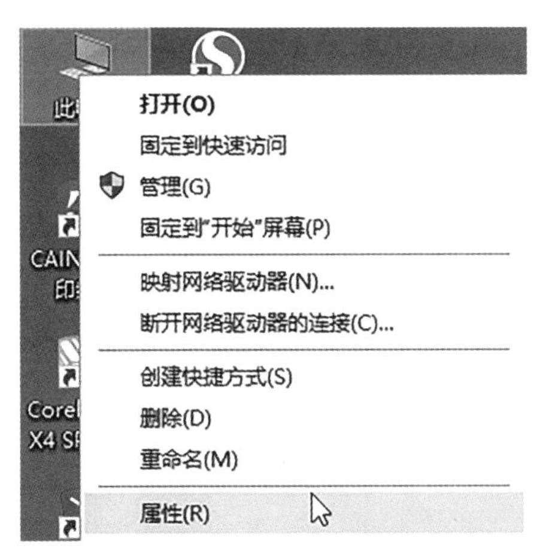

图 1-16　选择“属性”选项

(2)在弹出的“控制面板\所有控制面板项\系统”窗口中选择“设备管理器”选项,见图 1-17。

图 1-17　选反“设备管理器”选项

(3)打开“设备管理器”界面后,继续点击设备前方显示的“＞”后,可以看到更为详细的设备型号,见图 1-18。

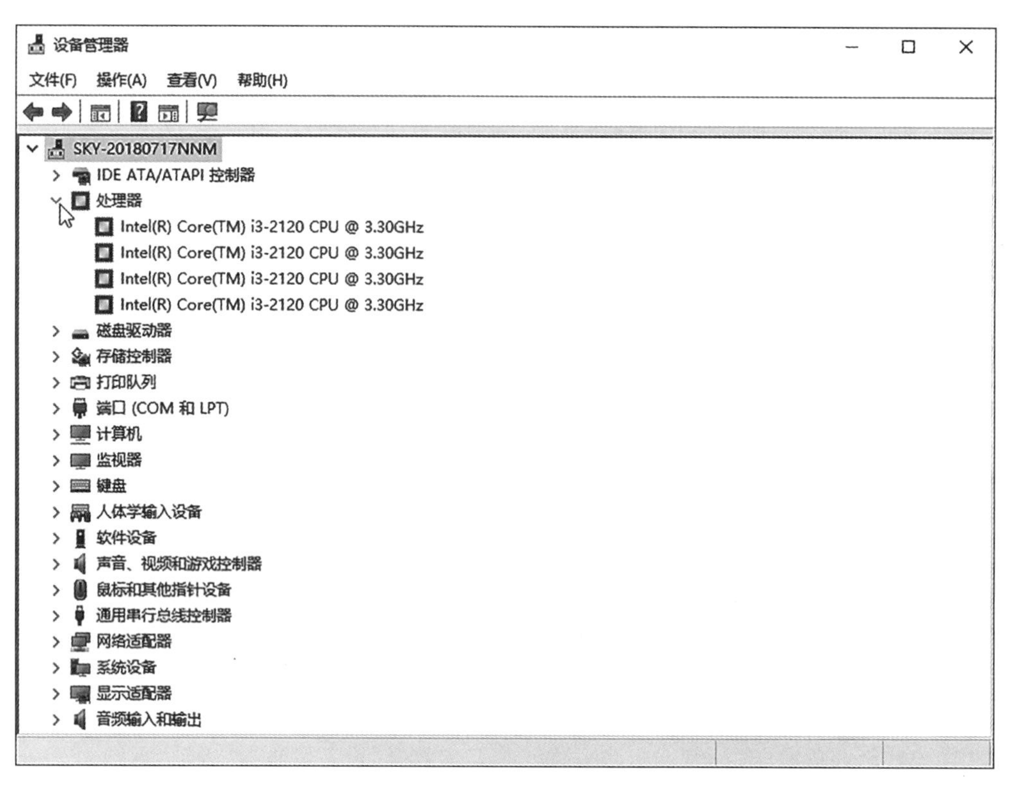

图 1-18　查看设备型号

三、设置用户账户

(1)单击“开始”→“Windows 系统”→“控制面板”选项,见图 1-19,并在弹出的选项列表中选择“用户账户”选项。

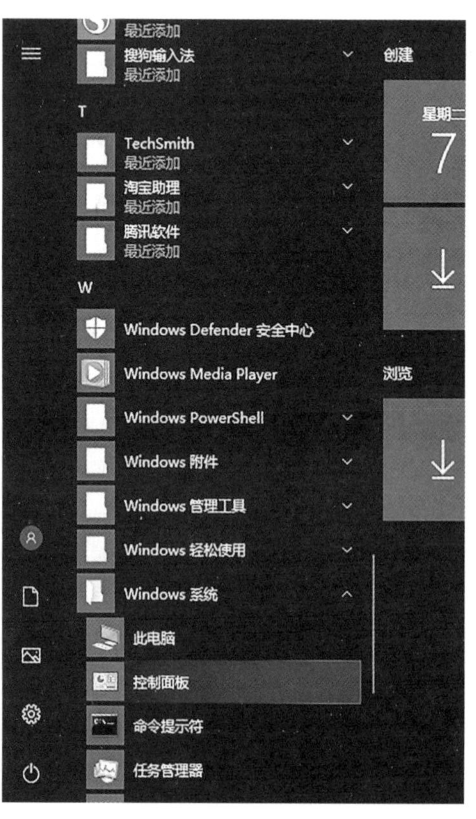

图 1-19　打开“控制面板”

(2)打开“用户账户”界面后,继续选择“更改用户账户控制设置”选项,见图 1-20。

图 1-20 选择“更改用户账户控制设置”选项

(3)打开“用户账户控制设置”后,可以通过滑动块调节账户的控制级别,见图 1-21。

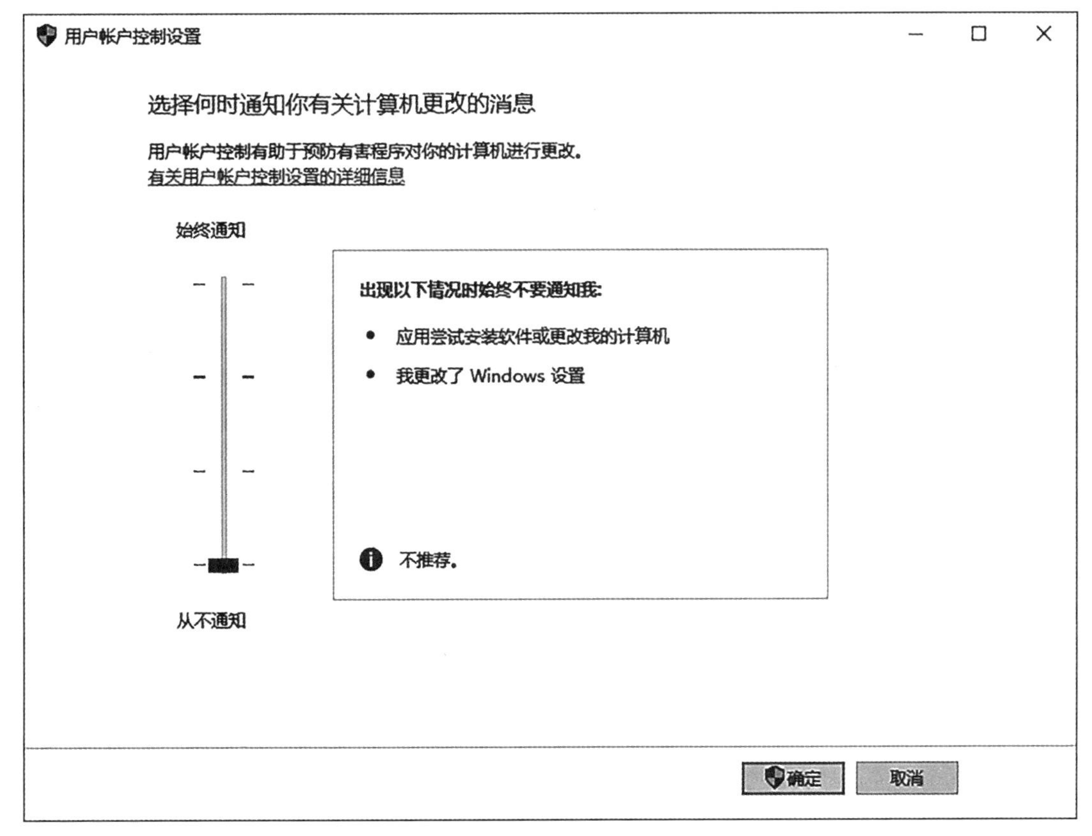

图 1-21 用户账户控制设置

四、创建用户

(1)单击“开始”→“Windows 系统”→“控制面板”选项,在弹出的选项列表中选择“用户账户”选项,见图1-22。

图1-22 选择“用户账户”选项

(2)打开“用户账户”界面后,单击“管理其他账户”选项,见图1-23。

图1-23 单击“管理其他账户”选项

(3)弹出“控制面板\所有控制面板项\用户账户\管理账户”窗口,单击“在电脑设置中添加新用户”选项,见图1-24。

图1-24　单击“在电脑设置中添加新用户”选项

(4)在弹出的“设置”对话框中单击“将其他人添加到这台电脑”选项前面的“+”,见图1-25,将弹出操作对话框。

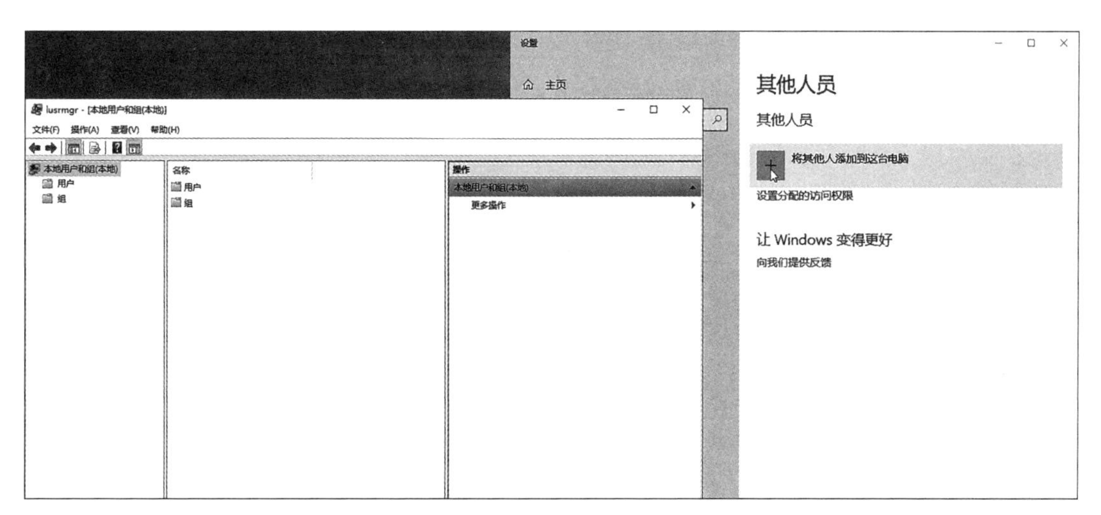

图1-25　单击“将其他人添加到这台电脑”选项前面的“+”

(5)单击“本地用户和组(本地)”选项卡下的“用户”按钮,在“操作”选项卡下“更多操作”中选择“新用户”选项,见图1-26。

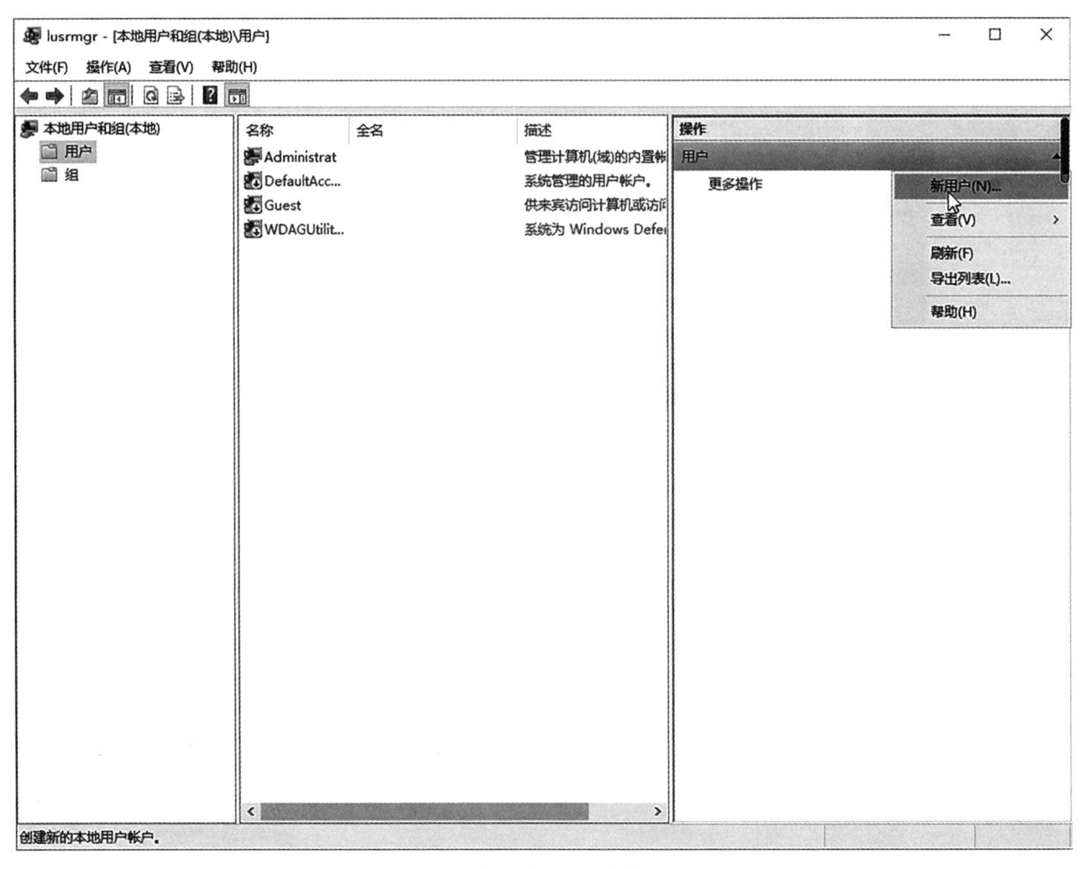

图 1-26　添加用户操作

(6)在弹出的"新用户"对话框中的"用户名"后填入新用户名字,单击"创建"按钮,见图 1-27。

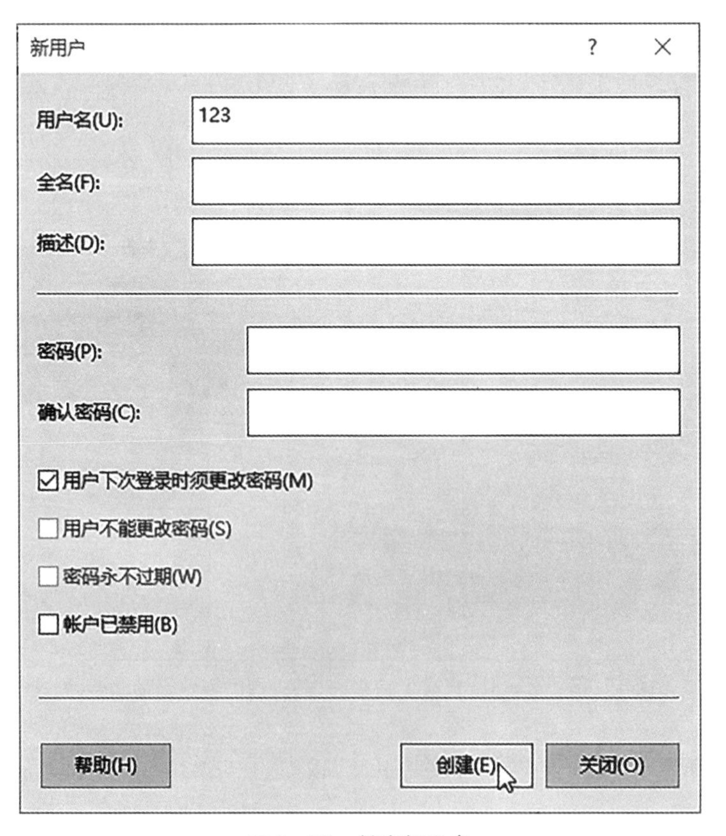

图 1-27　创建新用户

(7)关闭对话框,此时在用户列表中出现新添加的用户“123”,见图 1-28。

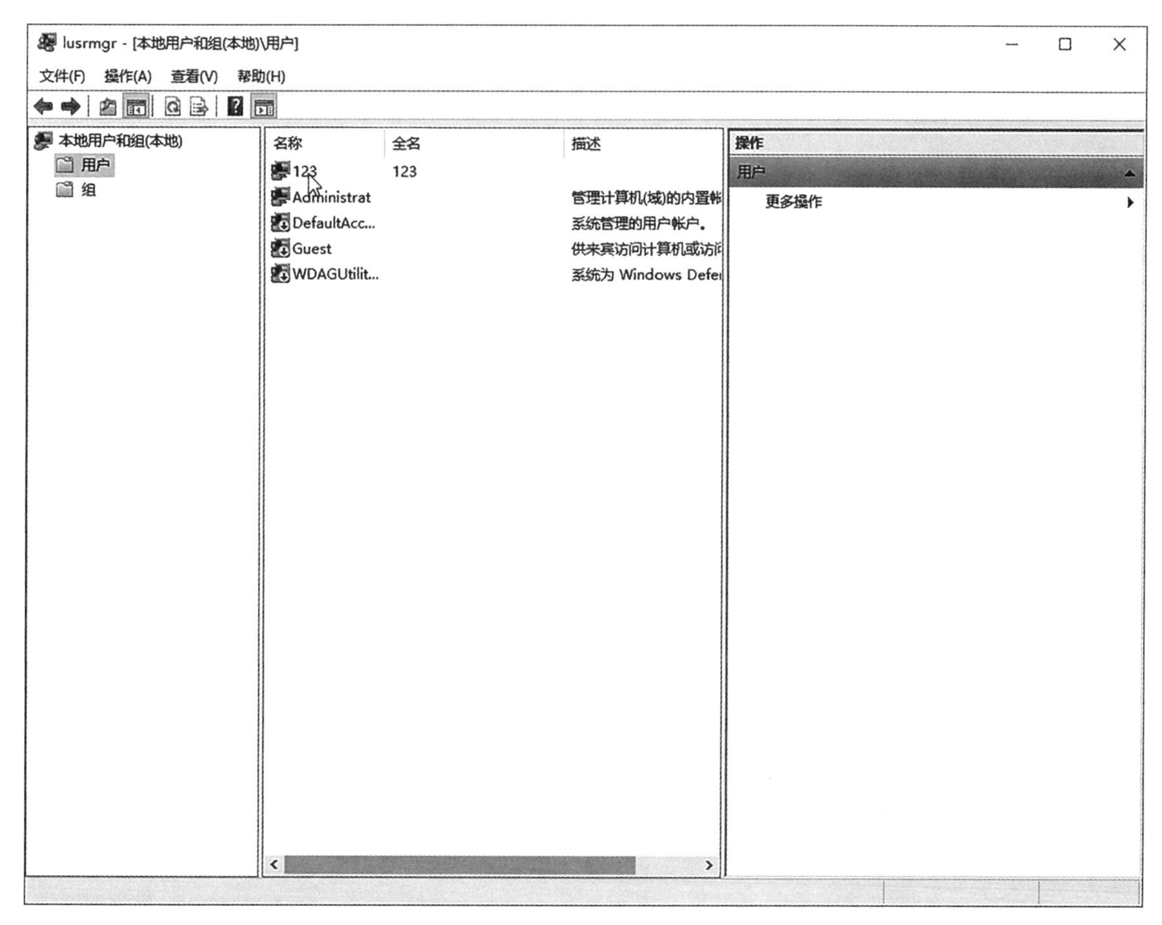

图 1-28 成功添加新用户

五、设置账户的文件夹访问权限

(1)在桌面右击鼠标,选择“新建”,在弹出的快捷菜单中选择“文件夹”选项,见图 1-29。

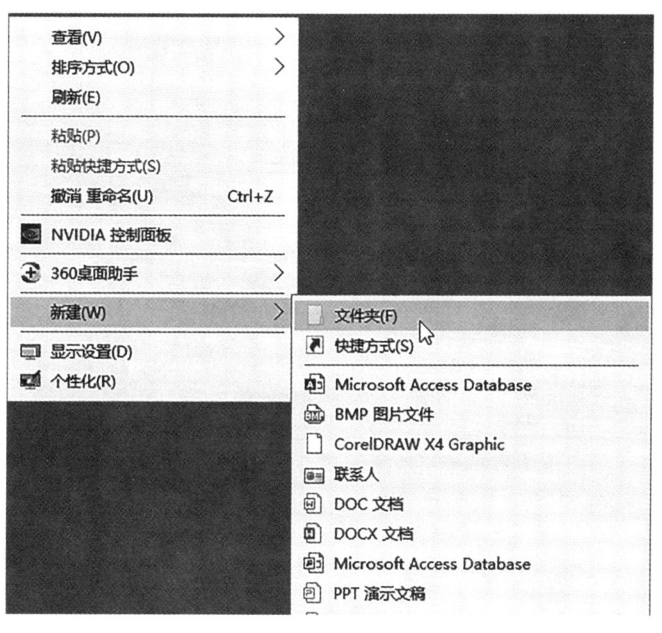

图 1-29 新建文件夹

(2)在新建的文件夹上右击选择“属性”选项,见图1-30。

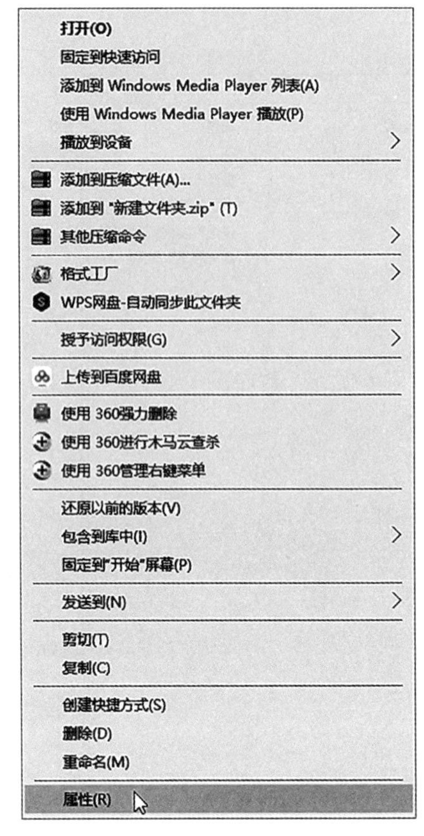

图1-30 文件夹属性

(3)在弹出的“新建文件夹属性”对话框中选择“安全”选项卡,见图1-31。

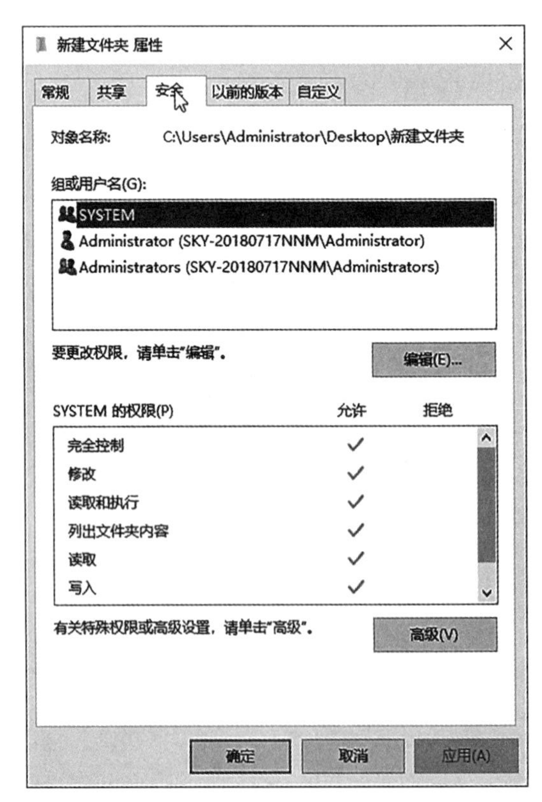

图1-31 选择“安全”选项卡

(4)在“安全”选项卡中单击“编辑”按钮,见图 1-32。

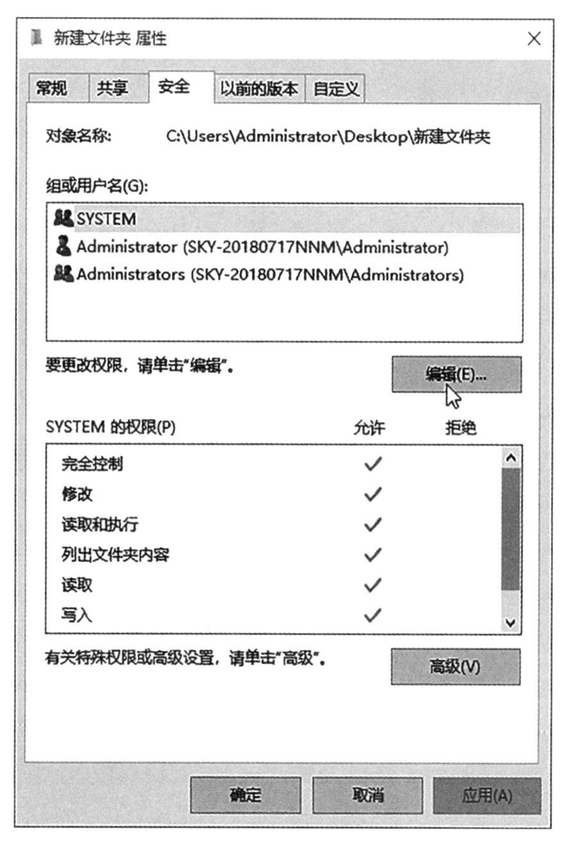

图 1-32 单击“编辑”按钮

(5)在弹出的“新建文件夹的权限”对话框中单击“添加”按钮,见图 1-33。

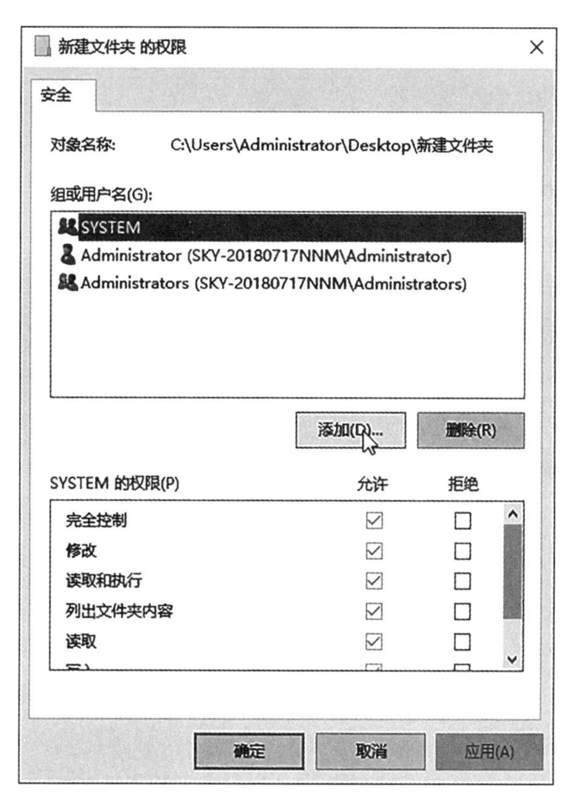

图 1-33 单击“添加”按钮

(6)在弹出的“选择用户或组”对话框中单击“高级”按钮,见图 1-34。

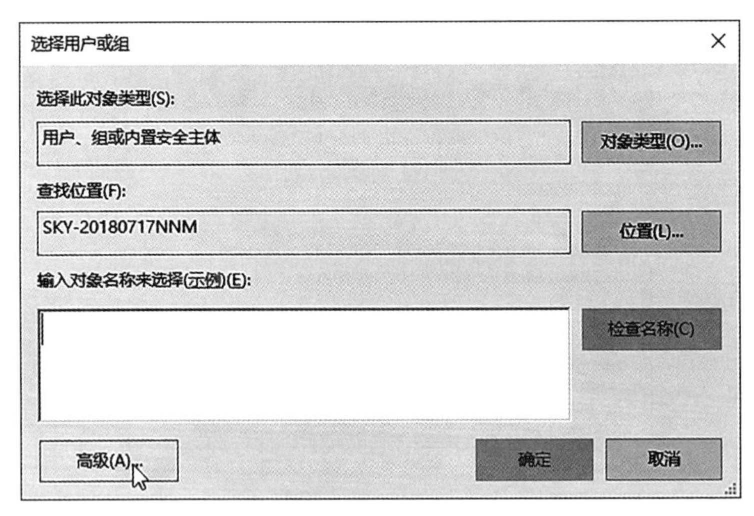

图 1-34　单击“高级”按钮

(7)在弹出的对话框中单击“立即查找”按钮,在找到的结果中选择在上个操作步骤中创建的用户“123”,见图1-35。

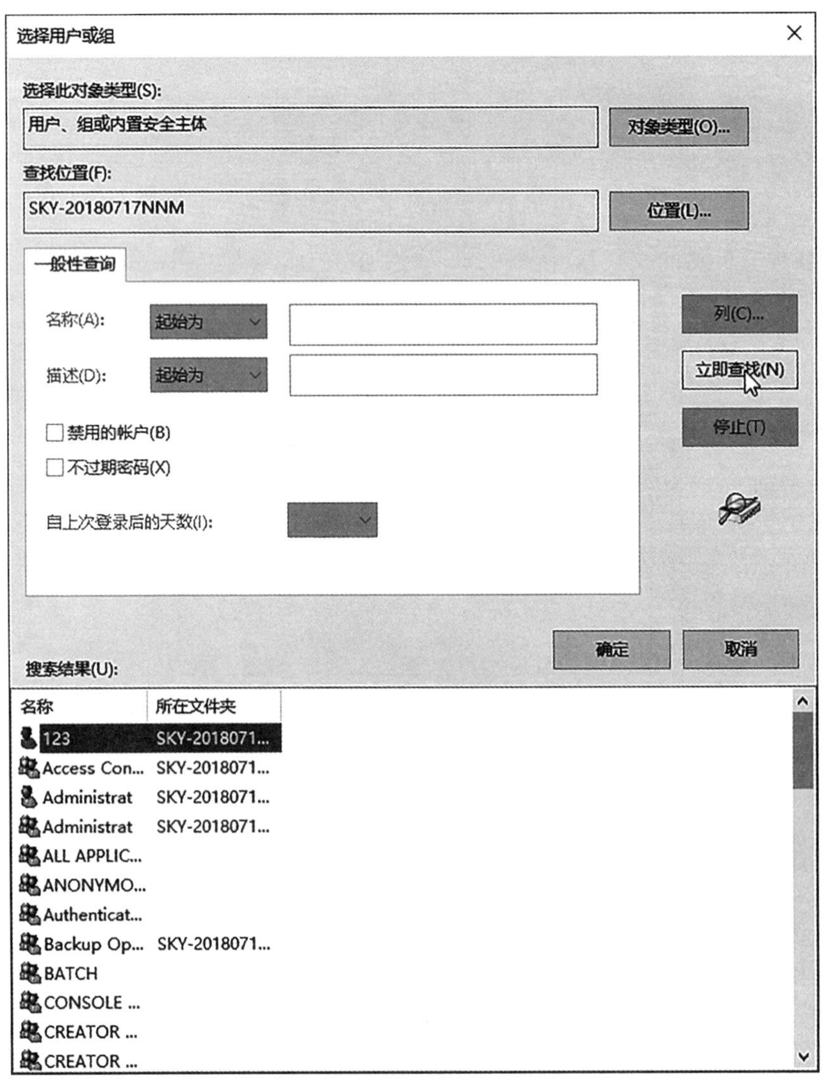

图 1-35　选择在上个操作步骤中创建的用户“123”

(8)双击用户“123”后,单击“确定”按钮,见图1-36,即可将用户加入。

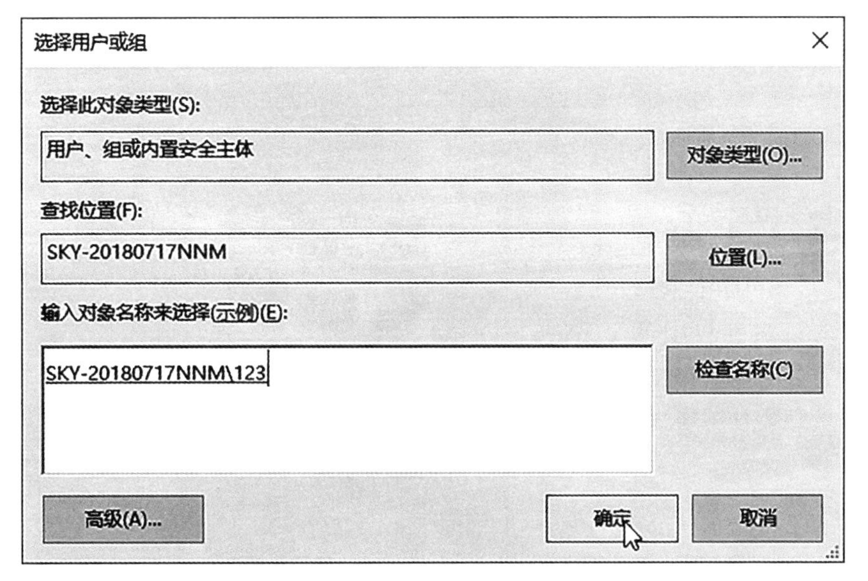

图1-36 将用户“123”加入

(9)确定加入后出现“新建文件夹的权限”对话框,可在“123的权限”选项区域中选中需要授予的权限,见图1-37。

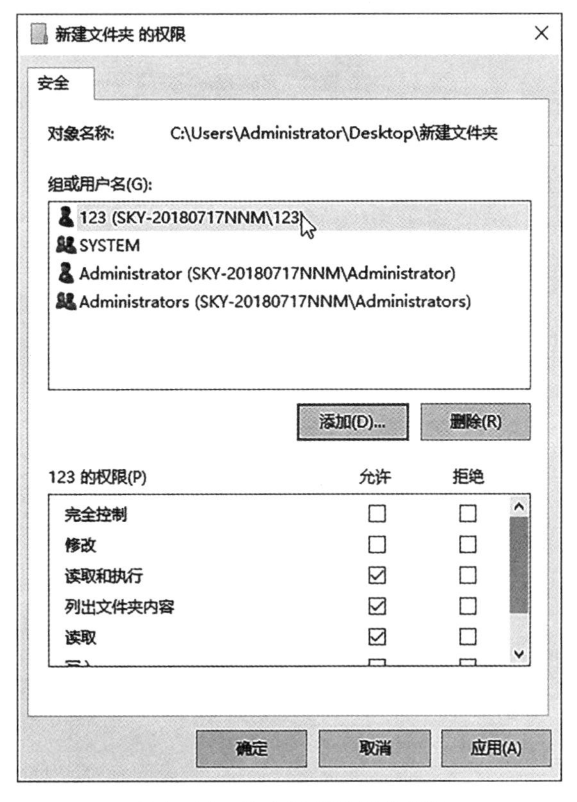

图1-37 选中需要授予的权限

六、卸载程序

卸载程序

(1)单击“开始”→“Windows系统”→“控制面板”选项,在弹出的“控制面板”窗口中选择“卸载程序”选项,见图1-38。

图 1－38　选择"卸载程序"按钮

(2)在打开的"控制面板\程序\程序和功能"窗口右边"卸载或更改程序"中对话框后可以看到计算机所安装的程序(此外选择 FormatFactory 程序)列表,在需要卸载的程序上右击,选择"卸载/更改(U)",见图 1－39。

图 1－39　选择"卸载/更改(U)"

(3)单击后弹出"FormatFactory 卸载"对话框,选择"是",见图 1－40,即可卸载程序。

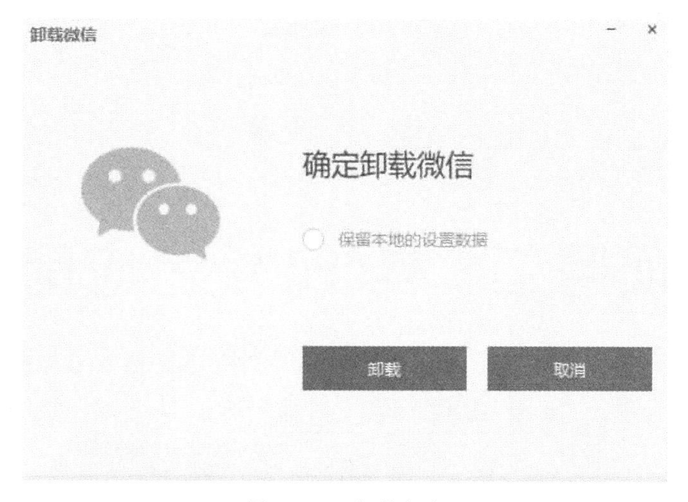

图 1-40 卸载程序

实训扩展

1. 自行给电脑设置新用户，账户类型选为“标准用户”，并按上述操作给新用户设置权限。
2. 卸载电脑上已安装的聊天软件。

项目二 Word综合应用

实训一 个人工作报告

实训引入

工作报告是对一定时期内的工作进行的总结、分析和研究，以肯定成绩，找出问题，从而得出经验和教训。在写工作报告时应注意以下几点。

①工作内容的概述：详细描述一段时期内自己所接受的工作任务及完成情况，并做好内容总结。②岗位职责的描述：回顾本部门、本单位某一阶段或某一方面的工作，既要肯定成绩，也要承认缺点，并从中得出应有的经验和教训。③对未来工作的设想：提出目前对所属部门工作的前景分析，进而提出下一步工作的指导方针、任务和措施。

操作步骤

一、创建文档

(1)单击屏幕左下角的"开始"按钮，选择"W"→"Word"命令，见图2-1。

图2-1 选择"Word"命令

(2)打开 Word 2019 主界面,在模板区域,Word 提供了多种可供创建的新文档类型,见图 2-2。

图 2-2 选择 Word 模版

(3)选择“空白文档”后,见图 2-3。

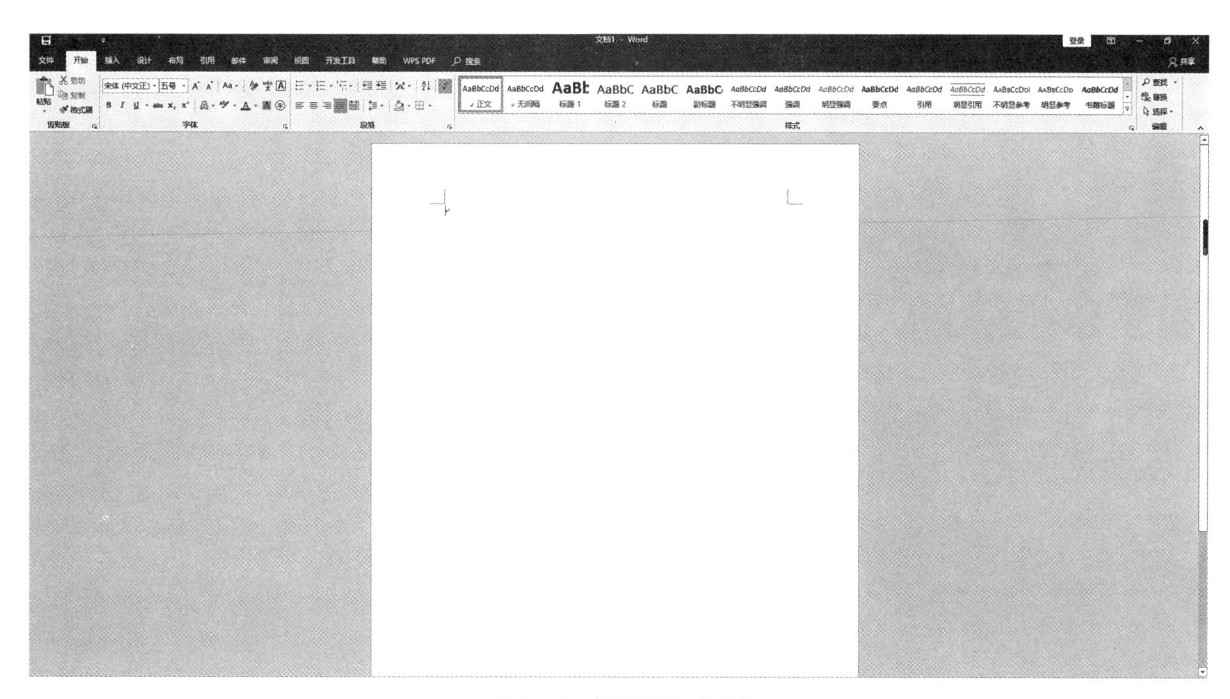

图 2-3 创建“空白文档”

(4)创建文档后,就可以在空白区域输入文本内容了。

二、设置字体格式

(1)选中文档中的标题,单击“开始”选项卡下“字体”组中的“字体”按钮,见图 2-4。

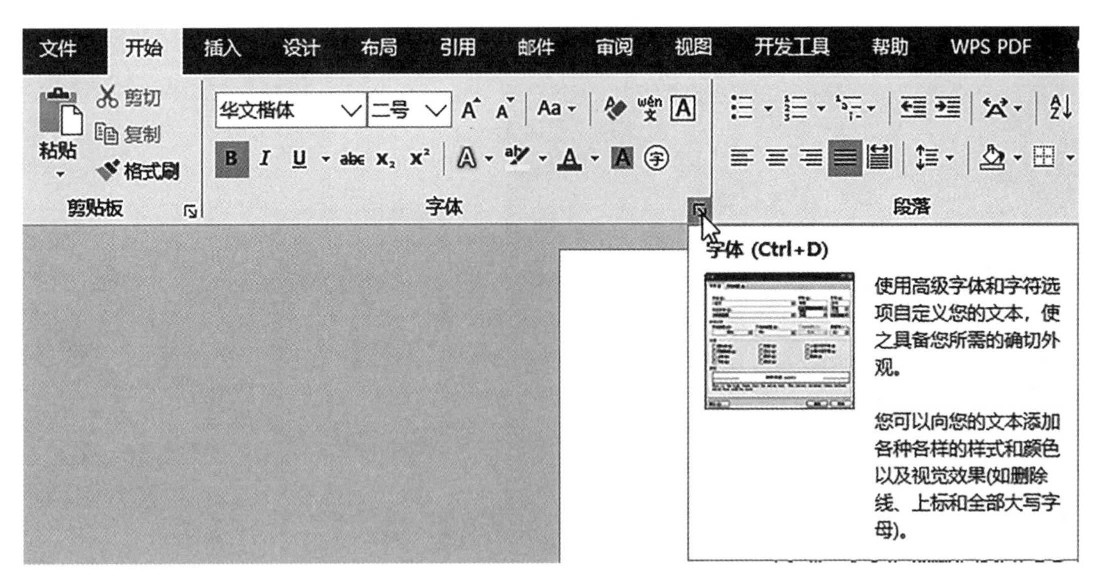

图 2-4 单击“字体”按钮

(2)在弹出的“字体”对话框中选择“字体” 选项卡，单击“中文字体”文本框的下拉按钮，在下拉列表中选择“华文楷体”选项；选择“字形”列表框中的“加粗”选项，再选择“字号”列表框中的“二号”选项，单击“确定”按钮，见图 2-5。

图 2-5 在“字体”对话框选择“字形”和“字号”

(3)选中“尊敬的领导、各位同事：”文本，单击“开始”选项卡下“字体”组中的“字体”按钮，在弹出的“字体”对话框中设置“中文字体”为“华文楷体”，设置“字号”为“四号”，单击“确定”按钮，见图 2-6。

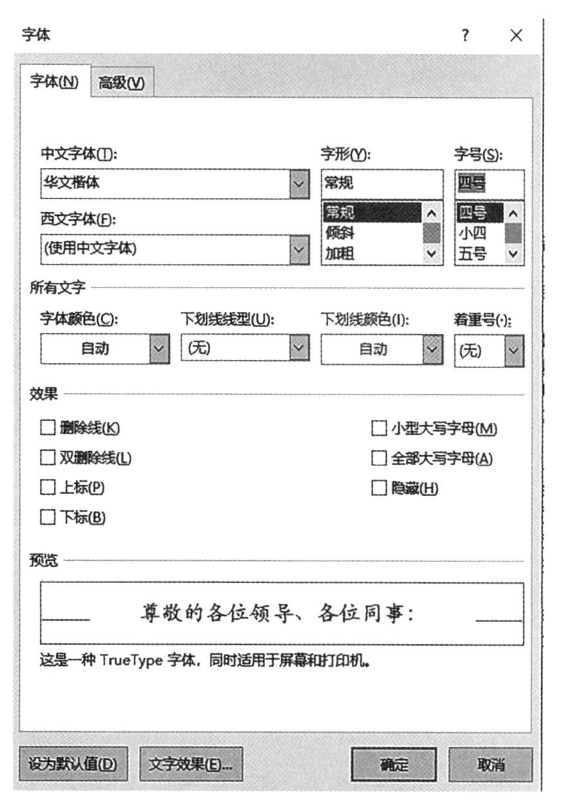

图 2-6 段落字体设置

(4)根据需要设置其他标题和正文的字体。

三、设置段落格式

(1)将鼠标指针放置在要设置对齐方式段落中的任意位置，单击“开始”选项卡下“段落”中的“段落设置”按钮，见图 2-7。

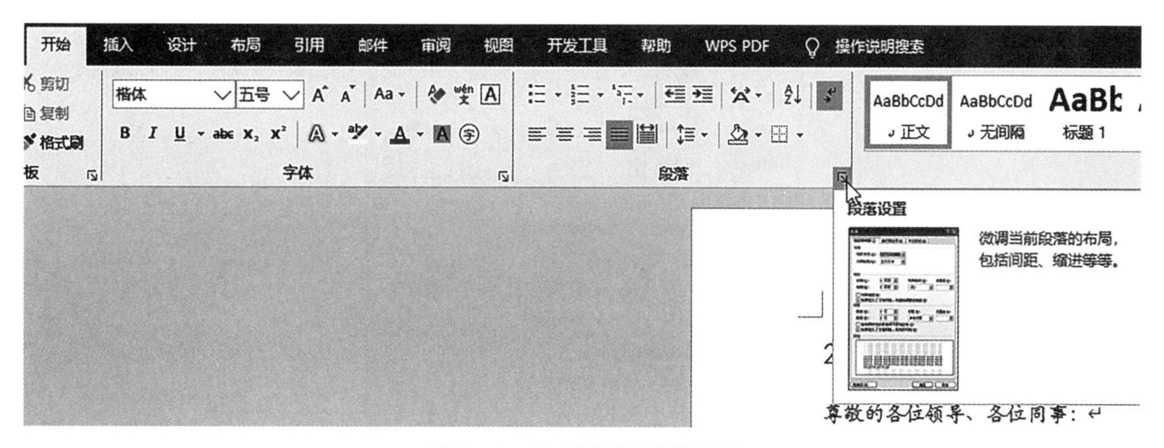

图 2-7 单击“段落设置”按钮

(2)在弹出的“段落”对话框中选择“缩进和间距”选项卡，在“常规”选项区域单击“对齐方式”右侧的下拉按钮，在弹出的下拉列表中选择“居中”选项，单击“确定”按钮，见图 2-8。

(3)将鼠标指针放置在文档末尾处的日期后，单击“开始”选项卡下“段落”中的“段落设置”按钮，在弹出的“段落”对话框中“缩进和间距”选项卡下“常规”选项区域单击“对齐方式”右侧的下拉按钮，在弹出的下拉列表中选择“右对齐”选项，单击“确定”按钮，见图 2-9。

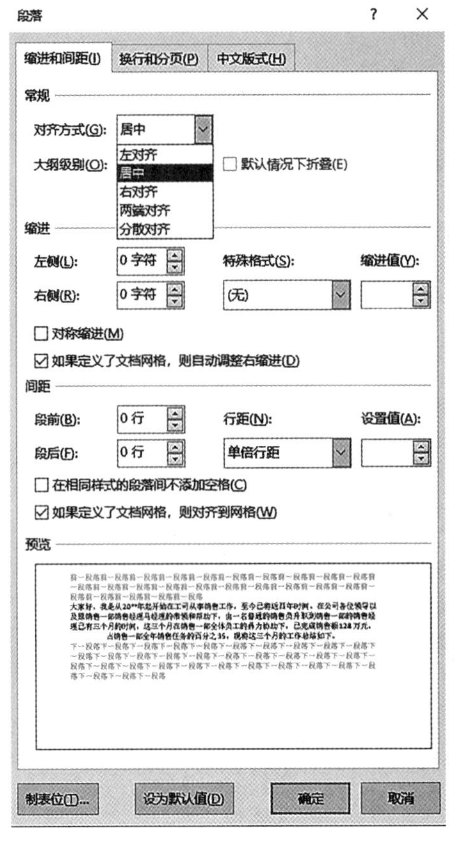

图 2-8　设置文档段落

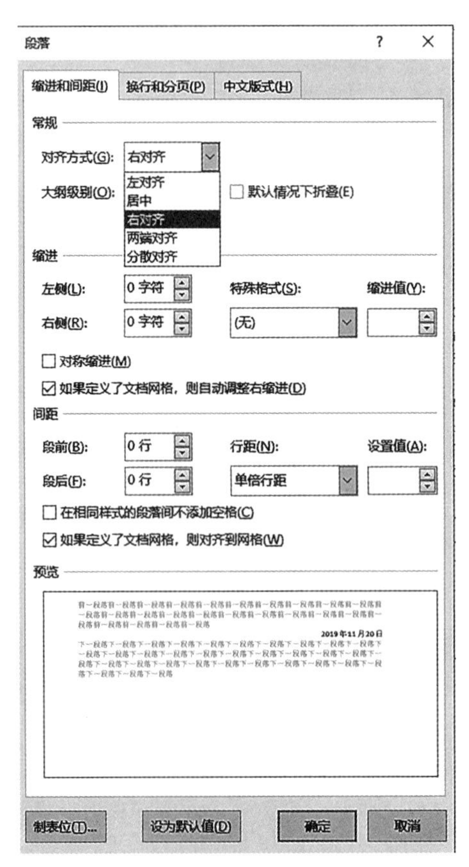

图 2-9　设置日期段落

(4)使用同样的方法,将“报告人:×××”设置为“右对齐”。

(5)选择文档中的正文内容,单击“开始”选项卡下“段落”组中的“段落设置”按钮,在弹出的“段落”对话框中“缩进和间距”选项卡下单击“特殊格式”文本框后的下拉按钮,在弹出的下拉列表中选择“首行缩进”选项,并设置“缩进值”为“2 字符”(既可以单击其后的微调按钮设置,也可以直接输入设置),设置完成后单击“确定”按钮,见图 2-10。

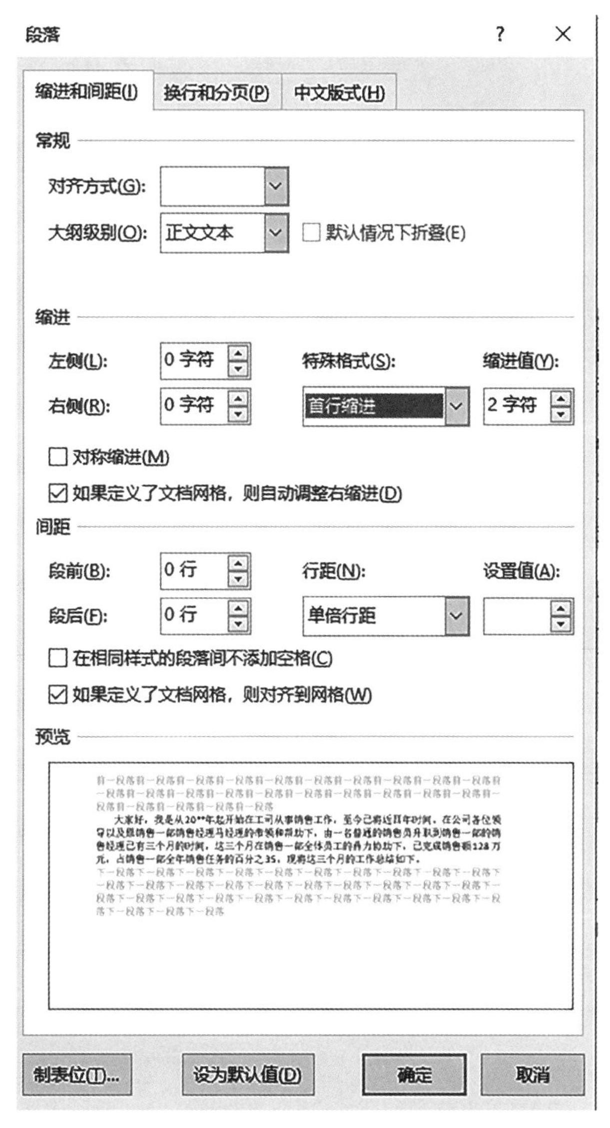

图 2-10　设置特殊格式

(6)选中文档中的正文内容,单击“开始”选项卡下“段落”组中的“段落设置”按钮,在弹出的“段落”对话框中选择“缩进和间距”选项卡,在“间距”选项区域设置“段前”和“段后”均为“0.5 行”,在“行距”下拉列表中选择“多倍行距”选项,在“设置值”文本框中输入“1.2”,单击“确定”按钮,见图 2-11。

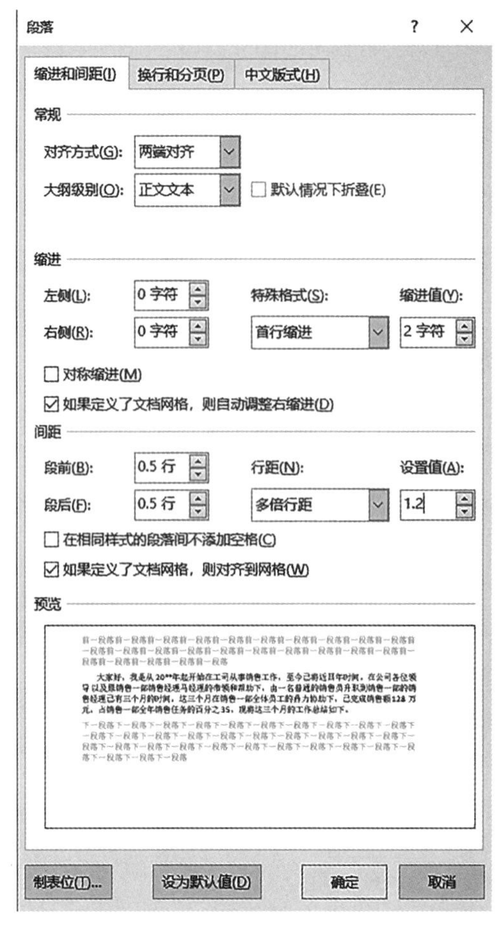

图 2-11　设置间距和行距

四、添加项目符号和编号

(1)选中需要添加项目符号的内容，单击“开始”选项卡下“段落”组中的“项目符号”下拉按钮，在弹出的项目符号列表中选择一种样式，这里选择“定义新项目符号”选项，见图 2-12。

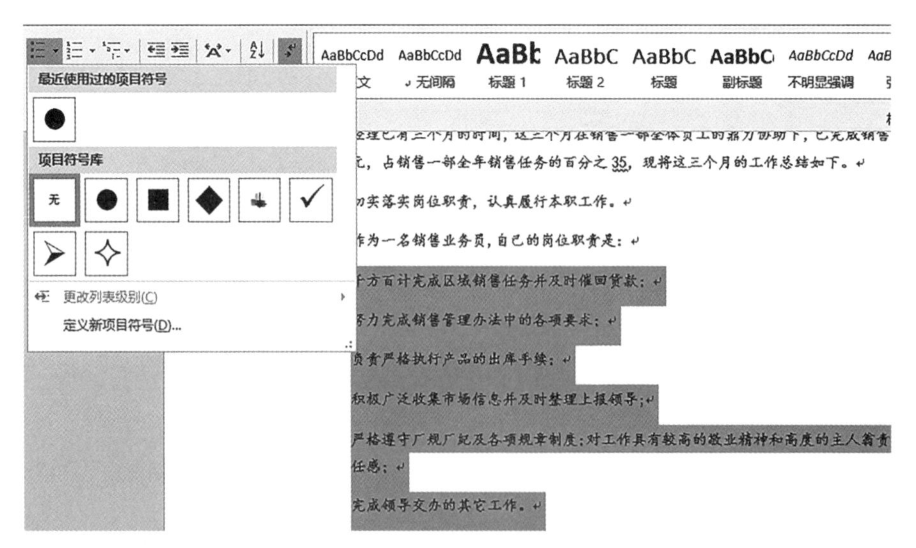

图 2-12　添加“项目符号”

（2）在弹出的“定义新项目符号”对话框中，单击“项目符号字符”选项区域中的“符号”按钮，弹出“符号”窗口，在列表框中选择一种符号样式，单击“确定”按钮，见图2-13。

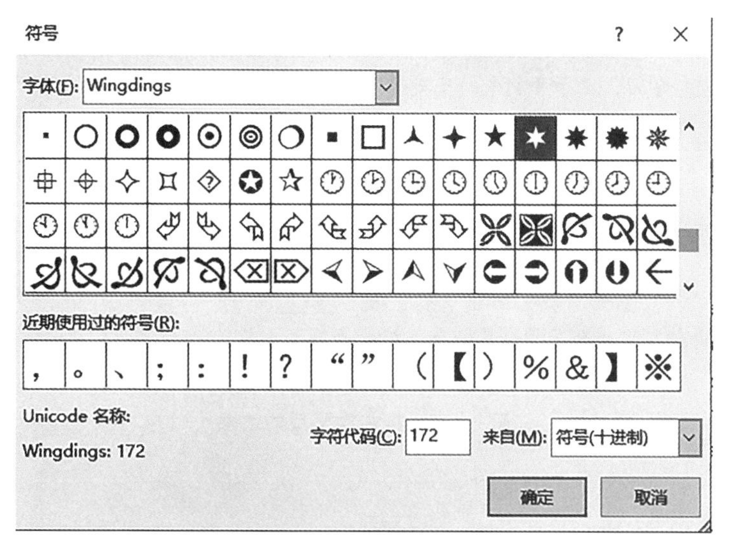

图2-13　选择符号样式

（3）选中文档中需要添加编号的段落，单击“开始”选项卡下“段落”组中“编号”下拉按钮，在弹出的下拉列表中选择一种编号样式，见图2-14。

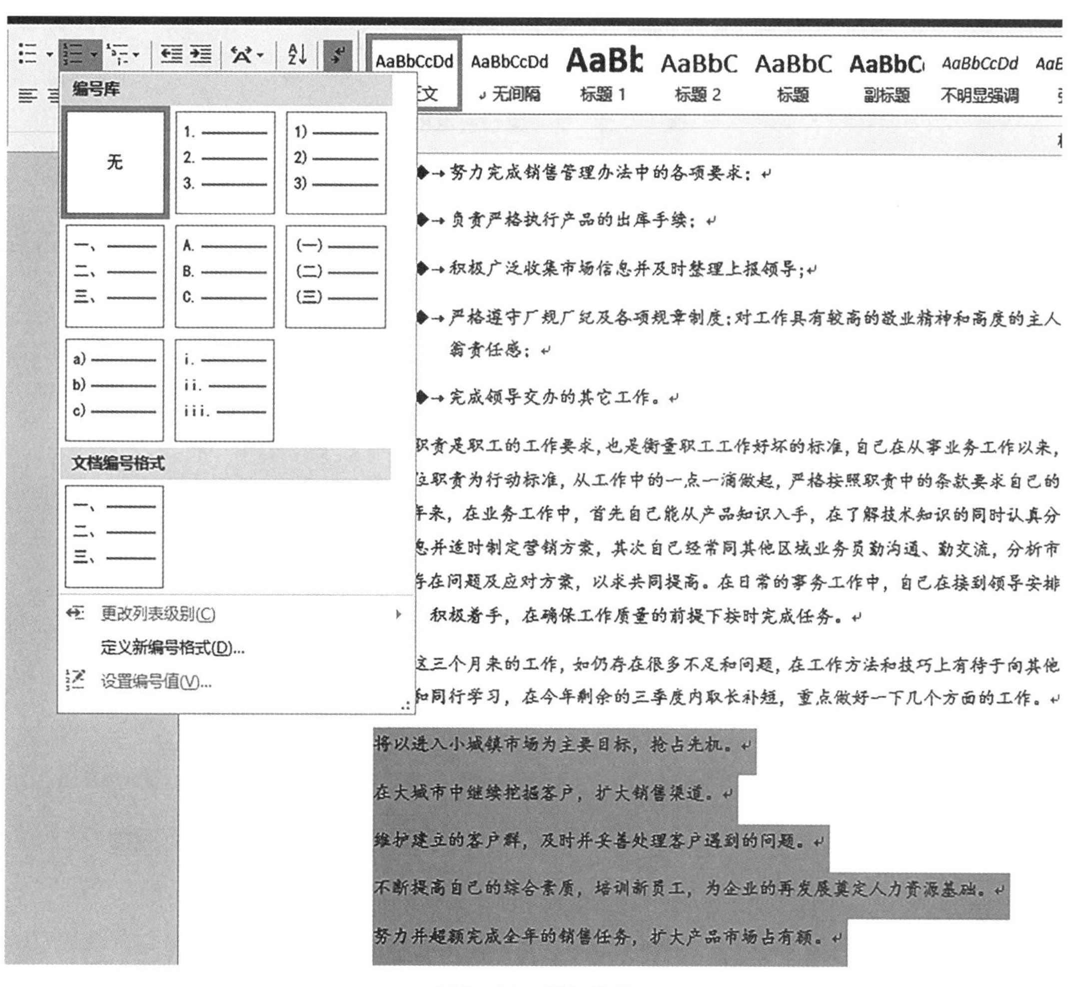

图2-14　添加编号

(4)返回文档,添加编号后的效果见图 2-15。

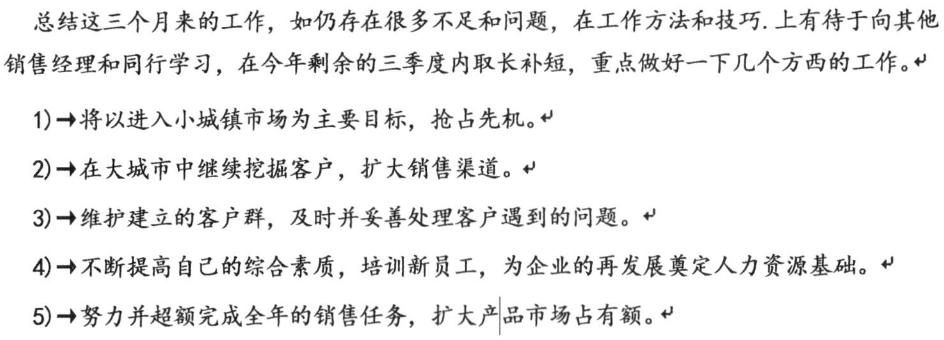

总结这三个月来的工作，如仍存在很多不足和问题，在工作方法和技巧.上有待于向其他销售经理和同行学习，在今年剩余的三季度内取长补短，重点做好一下几个方西的工作。↵

1)→将以进入小城镇市场为主要目标，抢占先机。↵

2)→在大城市中继续挖掘客户，扩大销售渠道。↵

3)→维护建立的客户群，及时并妥善处理客户遇到的问题。↵

4)→不断提高自己的综合素质，培训新员工，为企业的再发展奠定人力资源基础。↵

5)→努力并超额完成全年的销售任务，扩大产品市场占有额。↵

图 2-15　添加编号后的效果

五、阅览工作报告

(1)单击“视图”选项卡下“视图”组中的“阅读视图”按钮,见图 2-16,即可进入阅读视图模式。

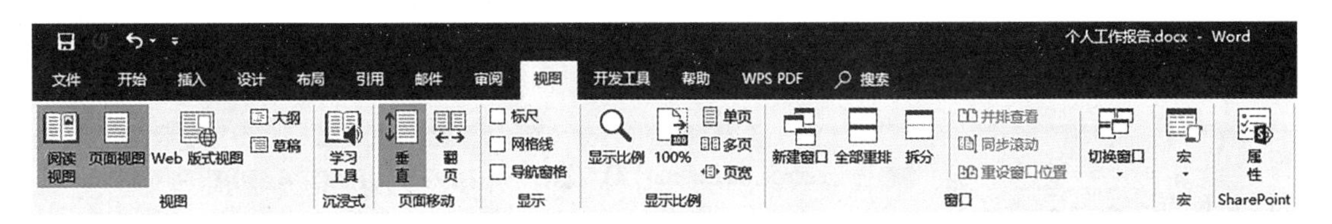

图 2-16　进入阅读视图模式

(2)如果要退出阅读视图模式,可以单击“视图”按钮,选择“编辑文档”选项即可,见图 2-17。

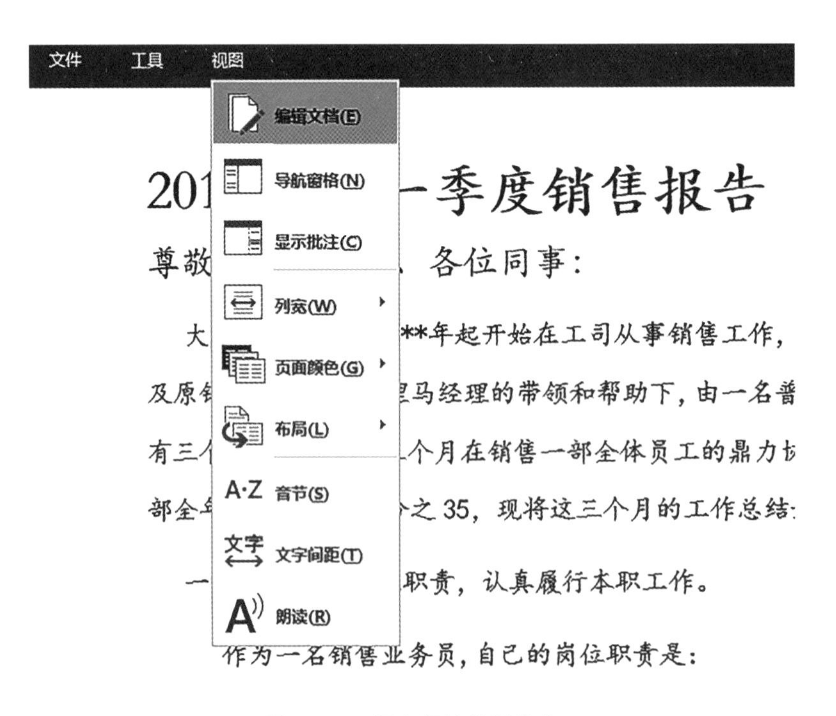

图 2-17　退出阅读视图模式

六、保存文档

(1)选择“文件”选项卡,在弹出的界面左侧选择“另存为”选项,在弹出的选项中单击“浏览”选项,见图2-18。

图 2-18 选择“另存为”选项并单击“浏览”选项

(2)在弹出的“另存为”对话框中选择保存的位置,在“文件名”文本框中输入文档名称,单击“保存”按钮,见图 2-19。

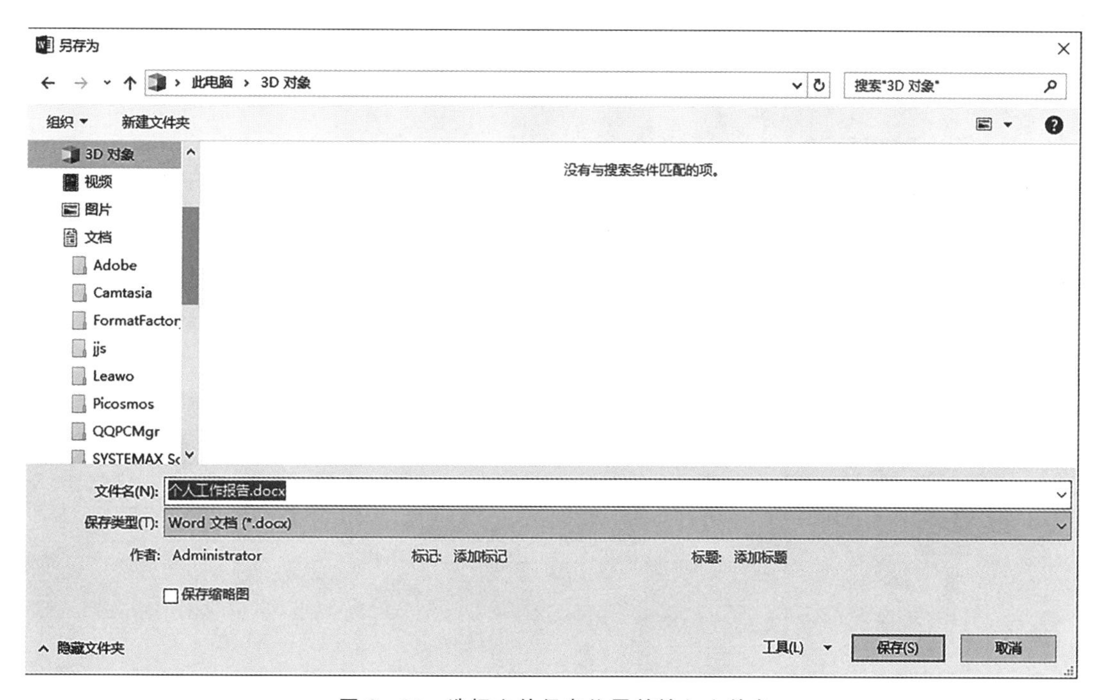

图 2-19 选择文件保存位置并输入文件名

实训扩展

制作一份房屋租赁合同书,要求如下:根据需求输入房屋租赁协议的内容;把标题设置为“黑体,一号”,对齐方式为“居中”;设置内容字体为“宋体,五号”,设置段落行距为“1.8”;选中条款内容段落,设置新建“条款”样式;给文本添加项目符号;插入日期;保存文档。

实训二　名片制作

实训引入

交换名片是新朋友互相认识、自我介绍的最快速有效的方法。名片又称为卡片，是标示姓名及其所属组织、公司单位和联系方法的纸片。今天就教大家用 Word 2019 制作一张属于自己的名片。

操作步骤

名片制作

一、新建 Word 文档，页面设置

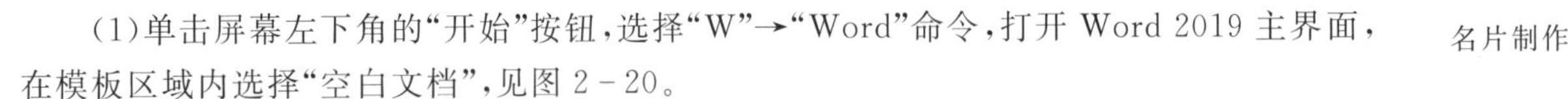

（1）单击屏幕左下角的“开始”按钮，选择“W”→“Word”命令，打开 Word 2019 主界面，在模板区域内选择“空白文档”，见图 2－20。

图 2－20　选择“空白文档”

（2）在弹出的文档窗口中，单击上方菜单栏中的“布局”→“纸张方向”→“横向”，将纸张方向从默认状态的“纵向”改为“横向”，见图2－21。

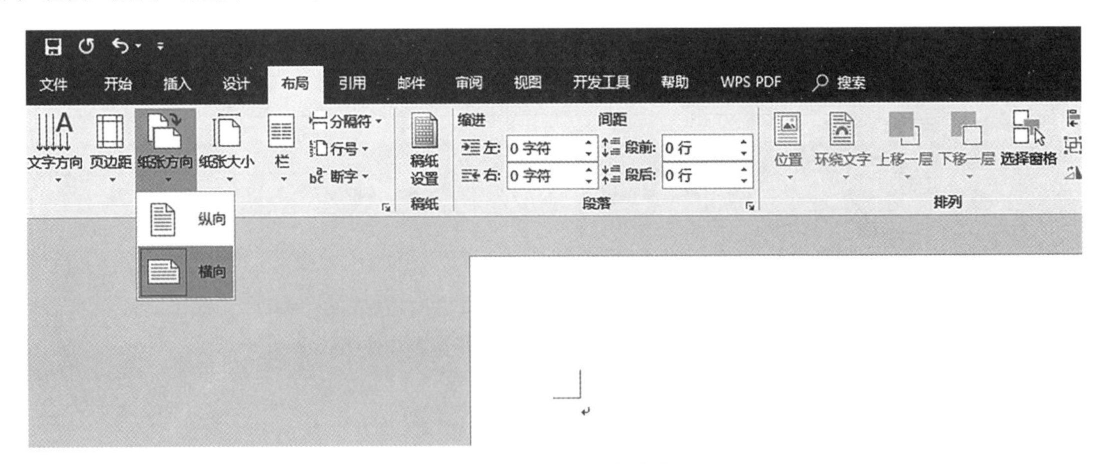

图 2－21　更改纸张方向

（3）单击上方菜单栏中的“布局”→“页边距”→“自定义边距”，见图 2－22，打开页面设置。

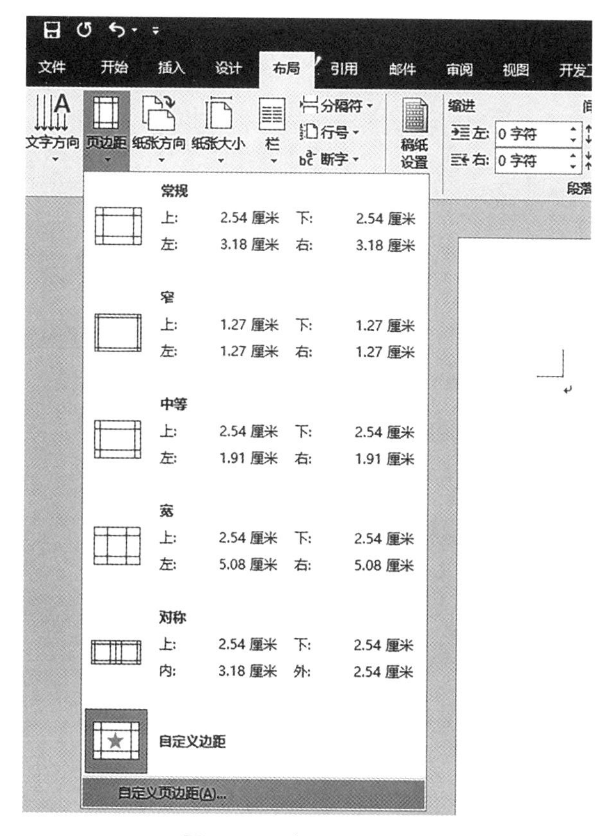

图 2-22 打开页面设置

(4)在“页面设置”对话框中“页边距”选项卡下，将“页边距”的上、下设置为 0.3 厘米，左、右设置为 0.5 厘米，见图 2-23。

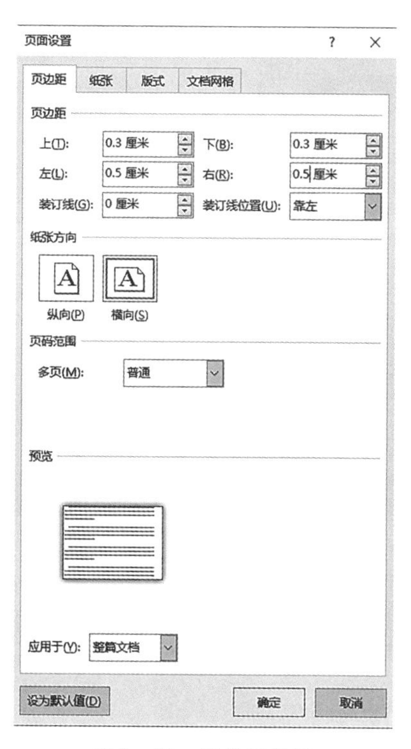

图 2-23 页边距设置

(5)在“页面设置”对话框中，切换到“纸张”选项卡下，将“纸张大小”选择为“自定义大小”，宽度为 9 厘米，高度为 5 厘米，见图 2－24。

（6）在“页面设置”对话框中，切换到“版式”选项卡下，将“距边界”的页眉和页脚均设置为 0 厘米，见图 2－25，单击“确定”按钮。

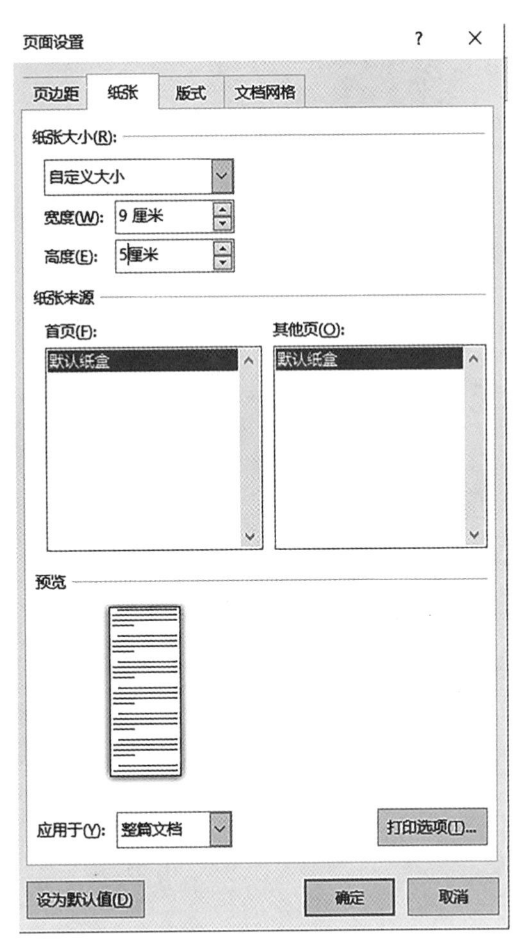

图 2－24　设置纸张大小

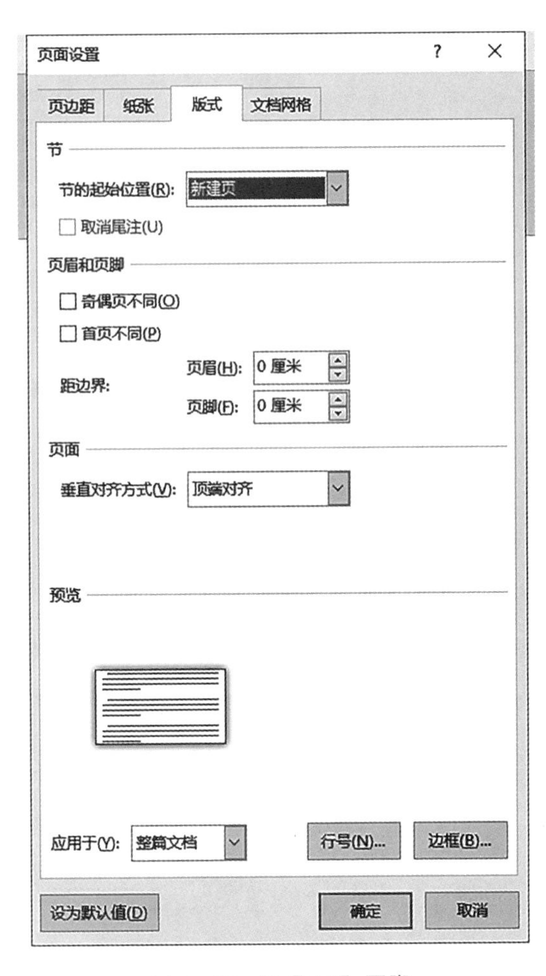

图 2－25　设置页眉、页脚

二、添加页面背景

单击菜单栏中的“设计”选项卡下“页面背景”中的“页面颜色”按钮，选择“填充效果”→“图片”→“选择图片”，单击“确定”按钮，见图 2－26～图 2－28。

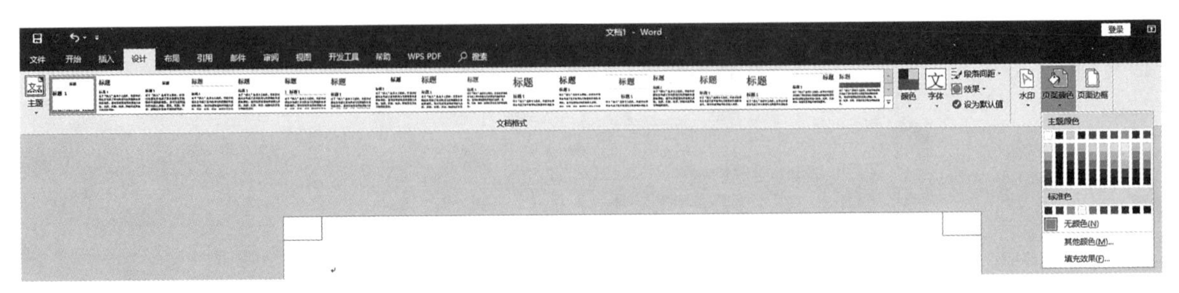

图 2－26　打开填充效果

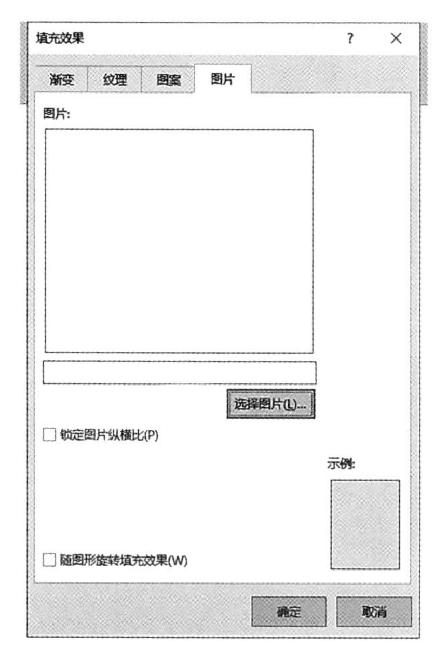

图 2－27　选择背景图片

图 2－28　背景设置完成效果

三、名片文字设置

（1）在名片中输入文本内容（此处内容为虚构，仅作举例之用），见图 2－29。

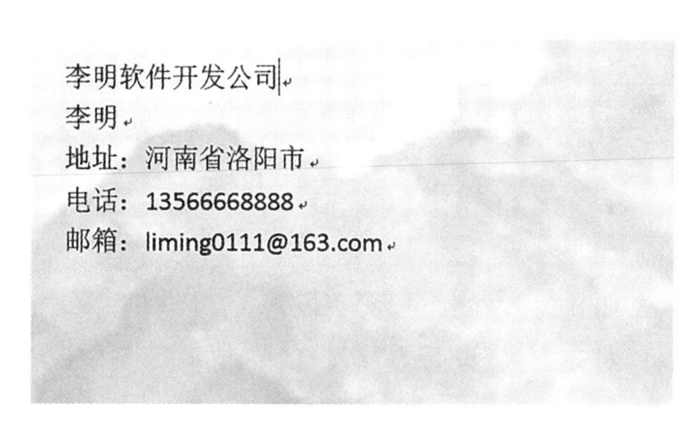

图 2－29　在名片中输入文本内容

（2）设置文字格式，单击选中“李明软件开发公司”，然后右击，在快捷菜单中选择“字体”选项，见图 2－30，打开文字设置。

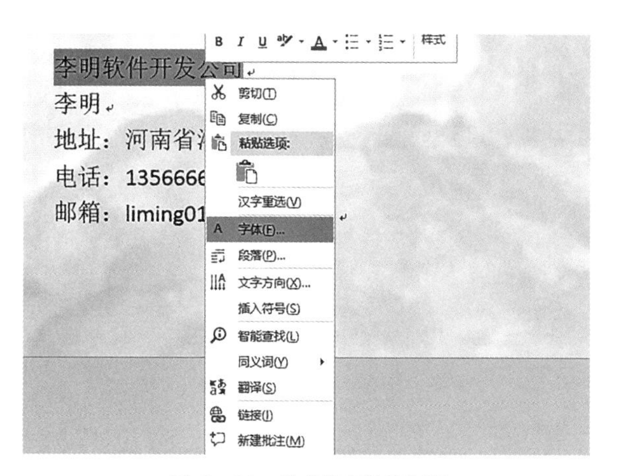

图 2－30　选择“字体”选项

(3)在“字体”对话框中,将“中文字体”设置为“楷体”,“字形”设置为“加粗”,“字号”设置为“五号”,“字体颜色”设置为“蓝色”,此时可在下方预览处看到设置效果,见图 2-31。

图 2-31　设置字体属性

(4)设置文字段落,如设置“李明软件开发公司”文字段落,需单击选中文字,然后右击,在快捷菜单中选择“段落”选项,打开段落设置,将“对齐方式”设置为“居中”,单击“确定”按钮,见图 2-32～图 2-34。

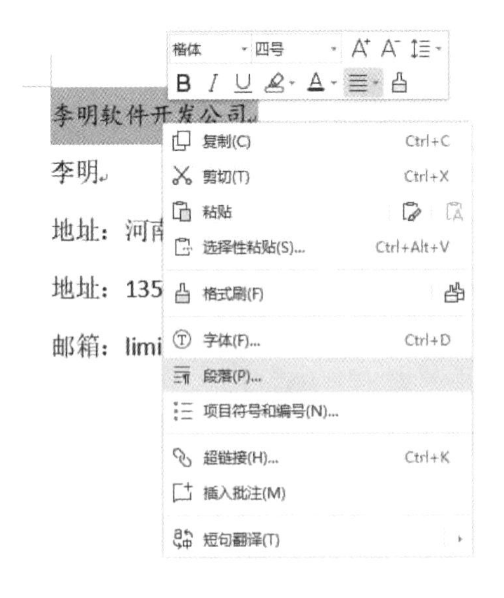

图 2-32　打开段落设置

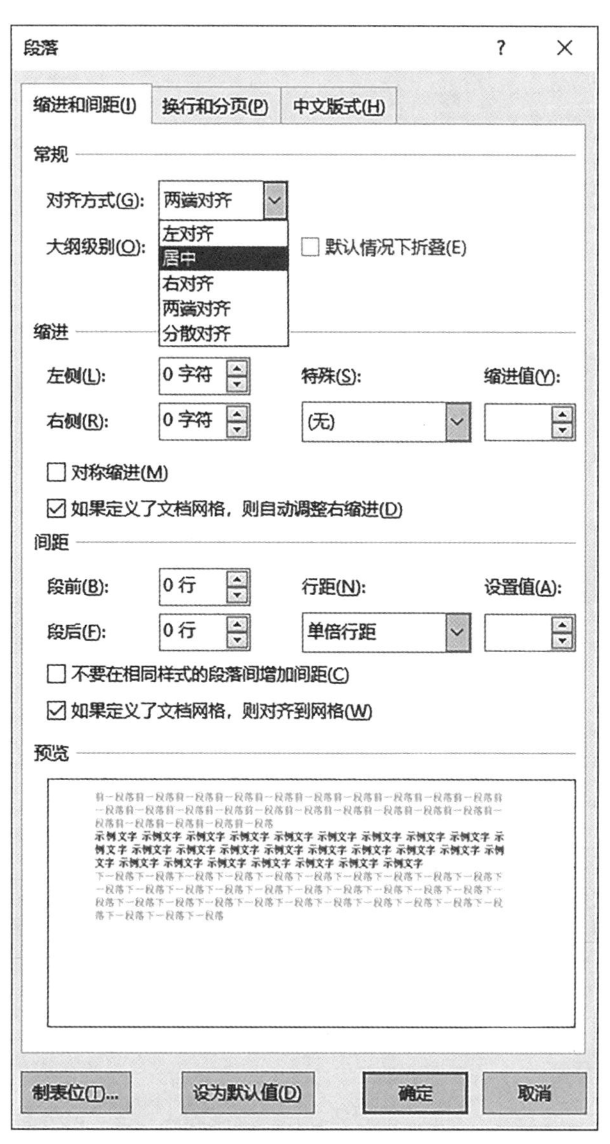

图 2-33 设置对齐方式

图 2-34 文字设置完成效果

(5)其他文字设置方法同上。

(6)单击菜单栏中“文件”→“保存”，或者可以使用键盘上快捷方式 Ctrl＋S 组合键即可保存，最终效果见图 2－35。

图 2－35　最终效果

实训扩展

制作一张海报，要求如下：将“上、下、左、右”页边距都设置为“1 厘米”；给页面分栏，设置第一栏宽度为“24.64 字符”，第二栏的宽度为“48.12 字符”；插入文本框，设置文本框形状轮廓为“红色”，强调“文字 2，深色 50％”，设置文本框线型宽度为“6 磅”，复合类型为“由粗到细”，线端类型为“圆形”，艺术效果为“发光和柔化边缘”；插入艺术字，设置艺术字样式，设置字体为“宋体，小一”，文本效果为“转换，波形：上”；插入图片，设置图片文字环绕类型为“四周型”；插入自选图形，调整图形大小和位置；编辑文字；保存海报。

实训三　求职简历

实训引入

排版求职简历要做到主题鲜明，文字字体生动、活泼，图片形象直观、色彩突出，便于用人单位快速地接收求职者信息。排版求职简历时，需要注意以下几点。

①格式统一：相同级别的文本内容要使用同样的字体、字号，段落间距要恰当，避免内容太拥挤。②图文结合：现在已经进入“读图时代”，图形是人类通用的视觉符号，它可以吸引读者的注意力，如果图片、图形运用恰当，就可以为简历增加个性化色彩。③编排简洁：确定简历的开本大小是进行编排的前提，排版的整体风格要简洁、大方，这样可以给人一种认真、严肃的感觉，不可过于花哨。

操作步骤

一、设置页面

求职简历制作

(1)打开 Word 2019 软件，新建一个空白文档。

(2)单击“布局”选项卡下“页面设置”组中的“页边距”按钮，在弹出的下拉列表中选择“窄”选项，为文档设置页边距，见图 2－36。

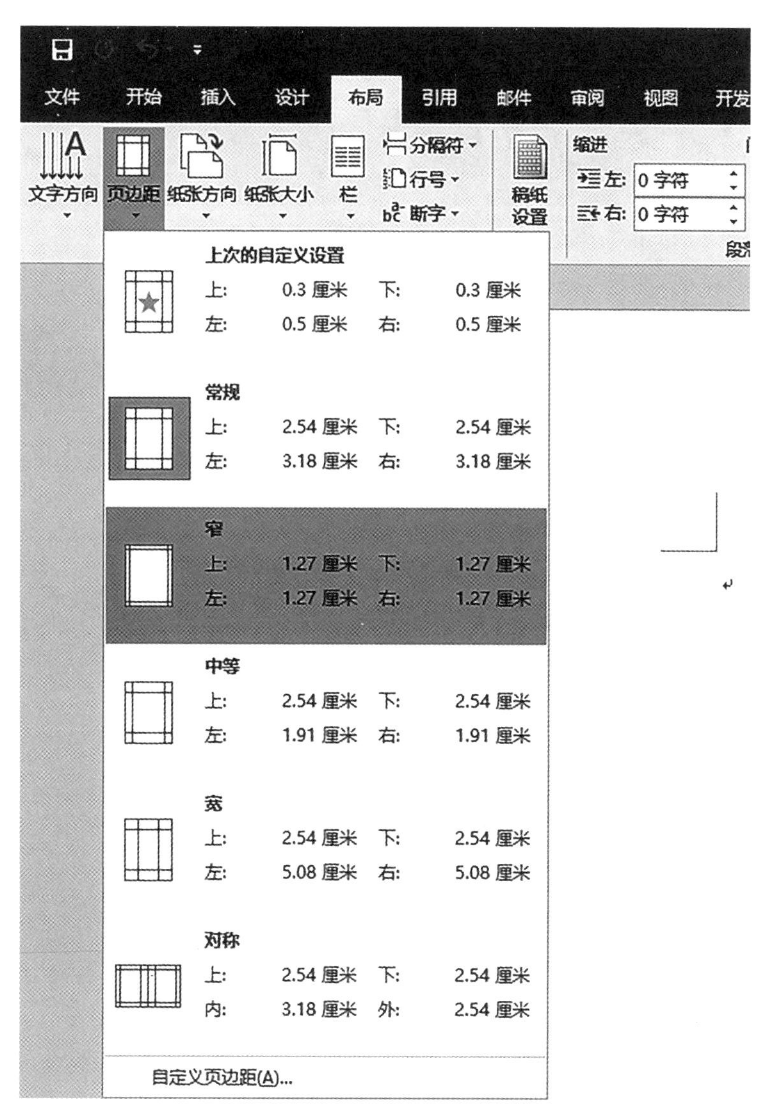

图 2-36　设置页边距

(3)单击“布局”选项卡下“页面设置”组中的“纸张方向”按钮，在弹出的下拉列表中选择“横向”或“纵向”选项，Word 默认的纸张方向是“纵向”，见图 2-37。

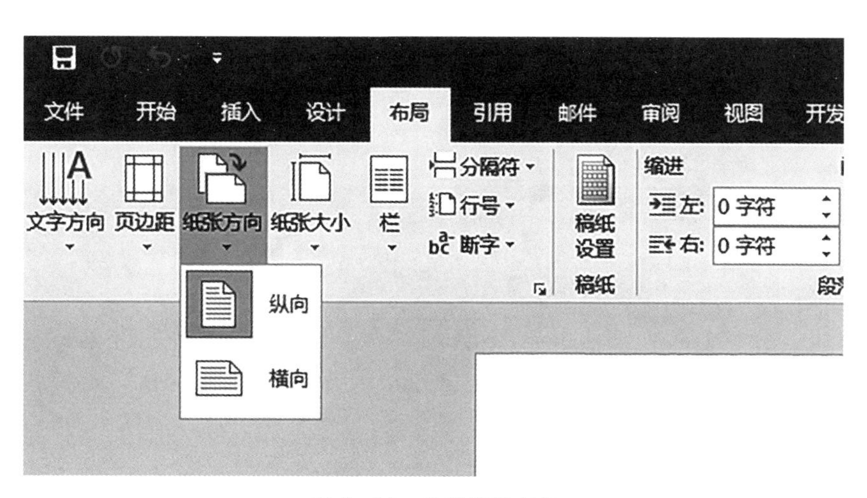

图 2-37　设置纸张方向

(4)单击“布局”选项卡下“页面设置”组中的“纸张大小”按钮,在弹出的下拉列表中选择“A4”选项,设置纸张大小,见图 2-38。

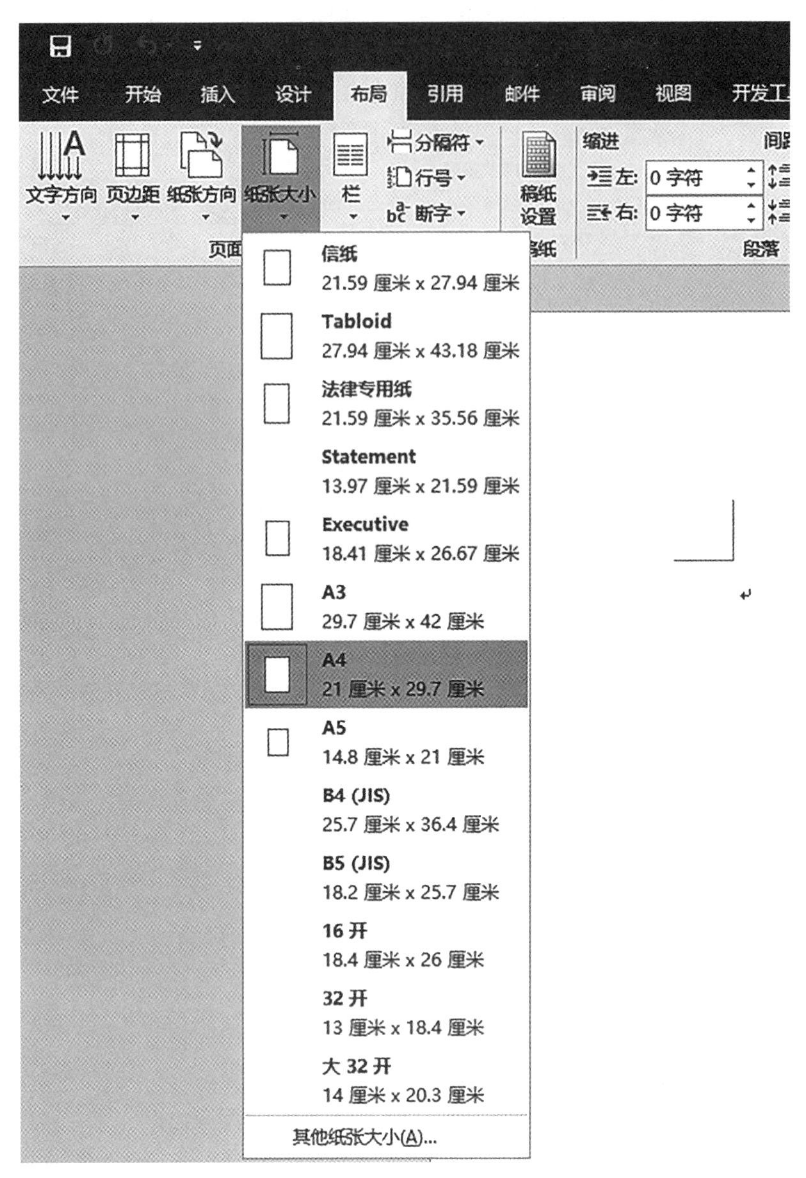

图 2-38 设置纸张大小

(5)单击“插入”选项卡下“插图”组中的“图片”按钮,见图 2-39。弹出“插入图片”对话框,选择要插入的图片,单击“插入”按钮即可将图片插入文档中,见图 2-40。

图 2-39 单击插图组中的“图片”按钮

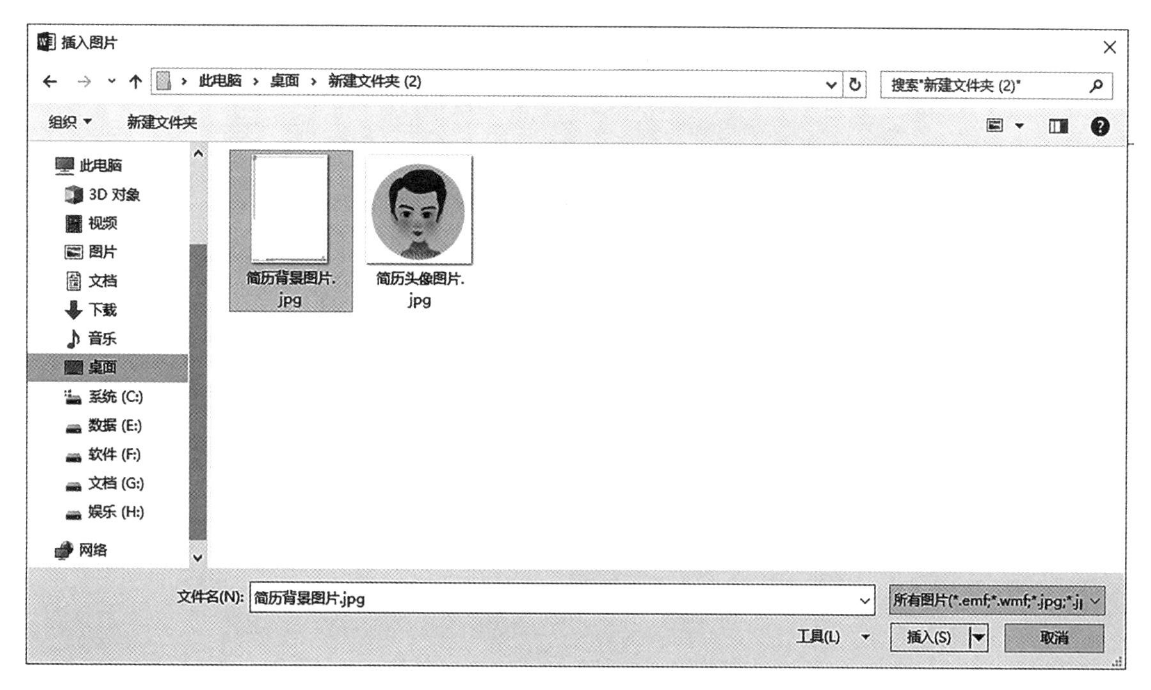

图 2-40 插入图片

(6)选中图片，单击“图片工具—格式”选项卡下“排列”组中的“环绕文字”按钮，在弹出的下拉列表中选择“衬于文字下方”选项，见图 2-41。然后调整图片大小，使其占满整个页面。

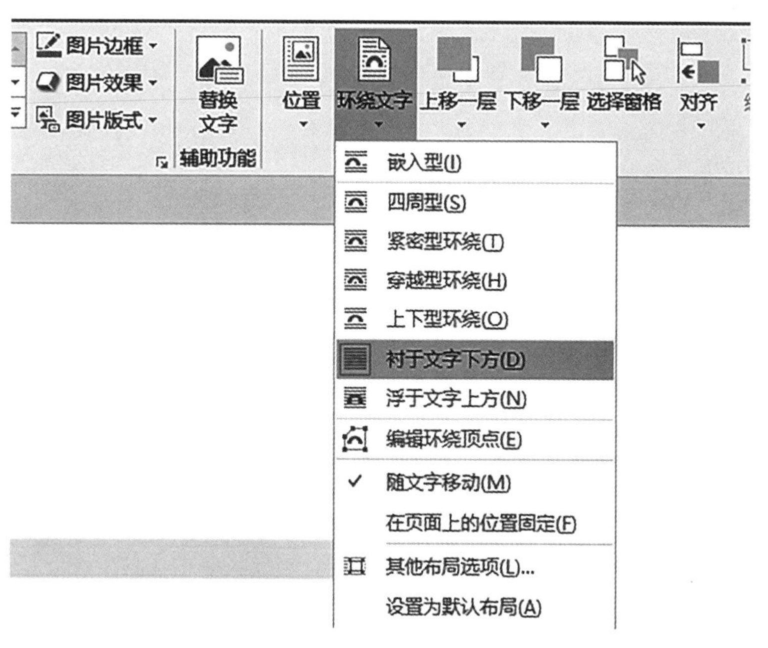

图 2-41 设置图片格式

二、添加表格

(1)将鼠标指针定位至需要插入表格的位置。单击“插入”选项卡下“表格”组中的“表格”按钮，在弹出的下拉列表中选择“快速表格”选项，在弹出的格式列表中选择需要的表格类型，这里选择“带副标题 1”选项，即可插入选择的表格类型，见图 2-42。用户可以根据需要替换模板中的数据，见图 2-43。

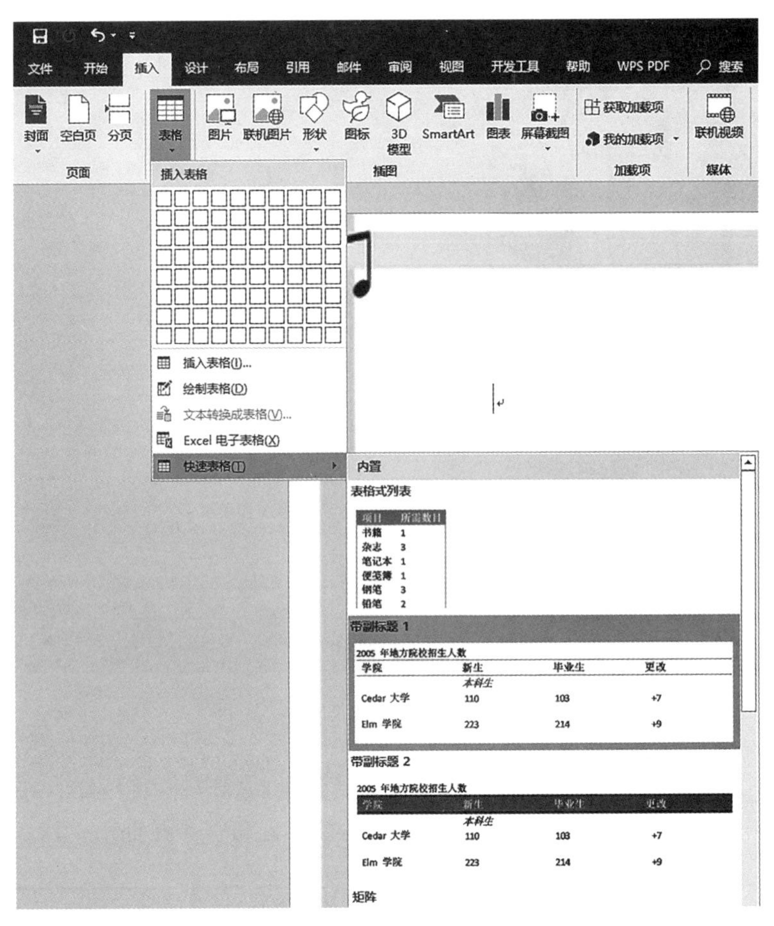

图 2-42　选择插入表格

2005 年地方院校招生人数

学院	新生	毕业生	更改
	本科生		
Cedar 大学	110	103	+7
Elm 学院	223	214	+9
Maple 高等专科院校	197	120	+77
Pine 学院	134	121	+13
Oak 研究所	202	210	-8
	研究生		
Cedar 大学	24	20	+4
Elm 学院	43	53	-10
Maple 高等专科院校	3	11	-8
Pine 学院	9	4	+5
Oak 研究所	53	52	+1
总计	**998**	**908**	**90**

*来源：*虚构数据，仅作举例之用

图 2-43　插入表格

(2)插入表格后，若不想使用当前表格，可以删除表格，单击表格左上角的按钮，选中所有表格并右击，在弹出的快捷菜单中选择“删除表格”命令，即可将表格删除，见图 2-44。

图 2-44 选择“删除表格”命令

(3)还可使用“插入表格”对话框来创建表格:将鼠标指针定位至需要插入表格的位置。单击“插入”选项卡下“表格”组中的“表格”按钮,在弹出的下拉列表中选择“插入表格”选项,见图 2-45。

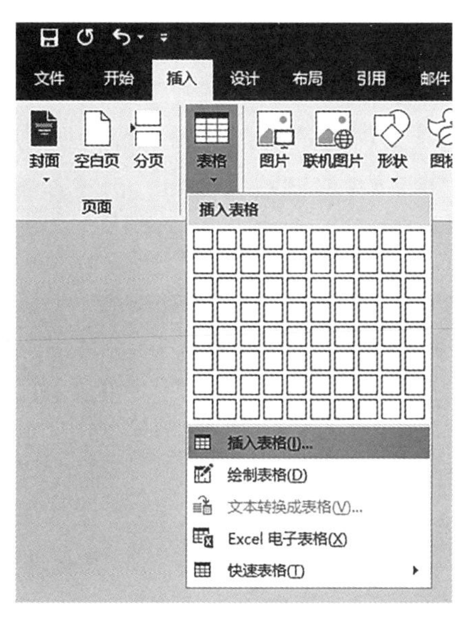

图 2-45 选择“插入表格”选项

(4)在弹出的“插入表格”对话框中设置“表格尺寸”,设置“列数”为 4,“行数”为 13,单击“确定”按钮,见图 2-46。即可插入一张 4 列 13 行的表格,效果见图 2-47。

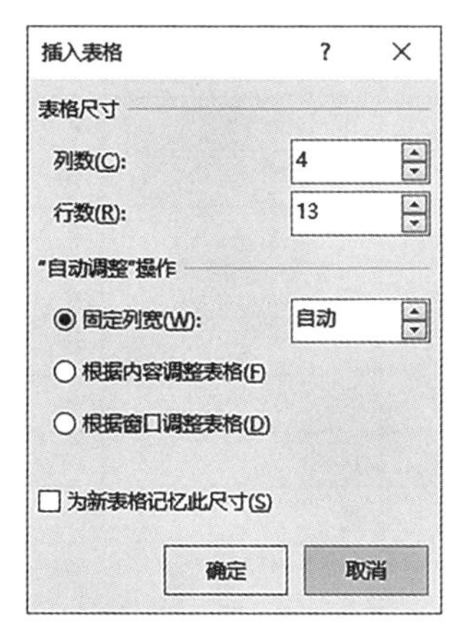

图 2-46 设置插入表格的列数和行数

图 2-47 插入表格效果

三、编辑表格

(1)若要插入列，单击表格中要插入新列的左侧列的任一单元格，激活“表格工具”功能选项卡，单击“表格工具—布局”选项卡下“行和列”组中的“在右侧插入”按钮，即可在指定位置插入新的列，见图 2-48 和图2-49。

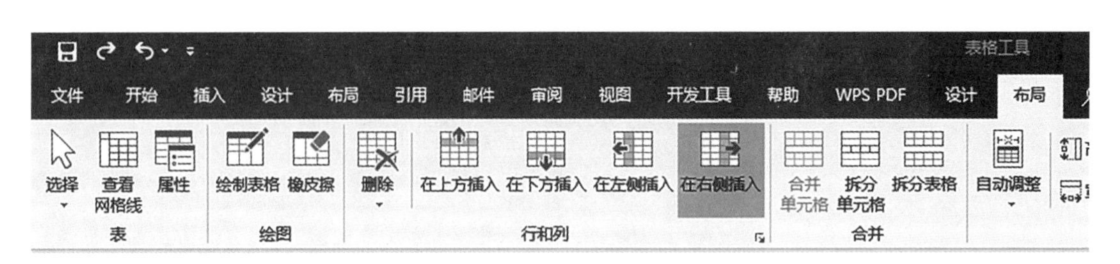

图 2-48 单击“在右侧插入”按钮

图 2-49 插入新的列

(2)若要删除列,选择要删除列中的任一单元格并右击,在弹出的快捷菜单中选择“删除列”选项,见图2－50。

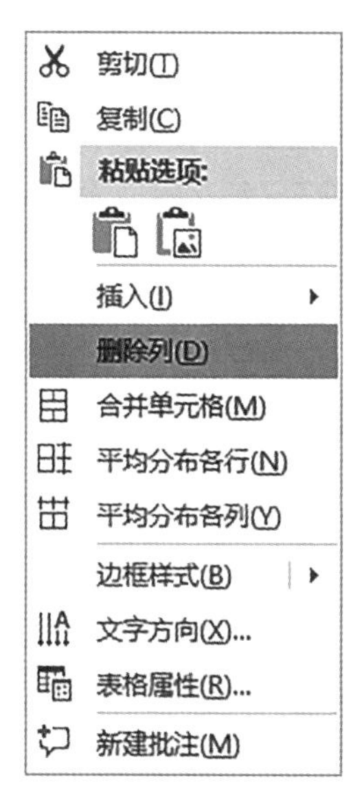

图2－50 选择“删除列”选项

(3)若要合并单元格,选择要合并的单元格,单击“表格工具—布局”选项卡下“合并”组中的“合并单元格”按钮,见图2－51。

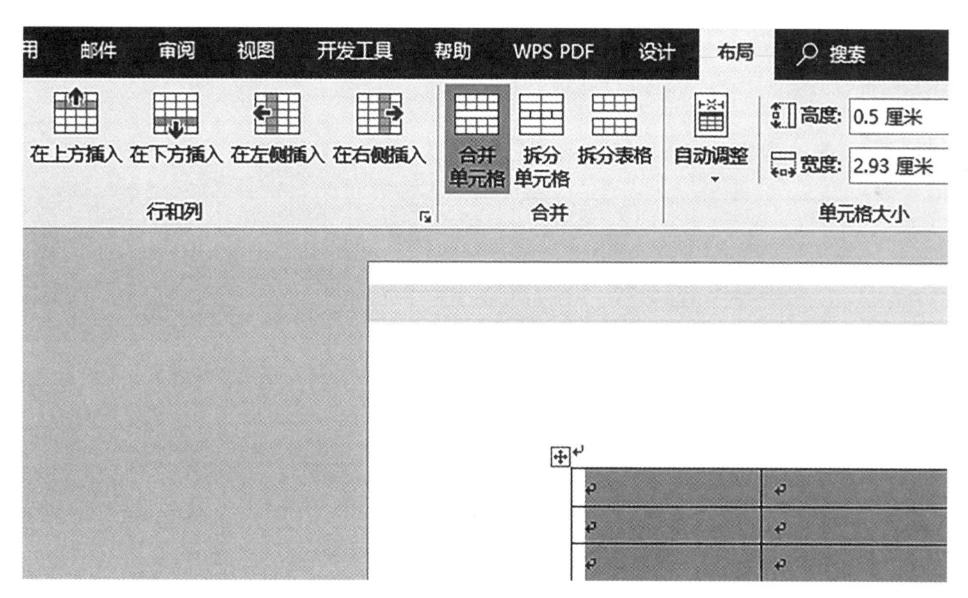

图2－51 单击“合并单元格”按钮

(4)若要拆分单元格,可以先选中要拆分的单元格,再单击“表格工具—布局”选项卡下“合并”组中的“拆分单元格”按钮,弹出“拆分单元格”对话框,设置要拆分的“列数”和“行数”,单击“确定”按钮,见图2－52。

图 2-52　设置拆分单元格的列数和行数

(5)使用同样的方法，将其他需要合并的单元格进行合并，最终效果见图 2-53。

<table>
<tr><td rowspan="3"></td><td colspan="2"></td><td></td></tr>
<tr><td colspan="2"></td><td></td></tr>
<tr><td colspan="2"></td><td></td></tr>
<tr><td colspan="4"></td></tr>
<tr><td></td><td colspan="3"></td></tr>
<tr><td></td><td colspan="3"></td></tr>
<tr><td></td><td colspan="3"></td></tr>
<tr><td colspan="4"></td></tr>
<tr><td></td><td colspan="3"></td></tr>
<tr><td></td><td colspan="3"></td></tr>
<tr><td colspan="4"></td></tr>
<tr><td></td><td></td><td></td><td></td></tr>
<tr><td colspan="2"></td><td colspan="2"></td></tr>
</table>

图 2-53　合并单元格效果

四、填写简历内容

(1)填写表格内容(此处内容为虚构，仅作举例之用)，见图 2-54。

<table>
<tr><td rowspan="3"></td><td colspan="2">李一建</td><td>产品经理/项目经理</td></tr>
<tr><td colspan="2">性别：男，26 岁</td><td>籍贯：上海</td></tr>
<tr><td colspan="2">学校：上海大学</td><td>学历：硕士-管理学</td></tr>
<tr><td colspan="4">//·实习经历·//</td></tr>
<tr><td>2014.7—2015.8
科技公司/项目经理</td><td colspan="3">1.参加公司客户信息系统的筹备工作，负责项目的跟进完善，过程资料的整理以及完善。
2.积累一定的客户沟通经验，沟通能力较强，能实现有效的沟通。</td></tr>
<tr><td>2016.9—2017.5
商务公司/总经理助理</td><td colspan="3">1.参加公司建立的筹备工作，负责日常会议的安排与主持，通知叫放，资料整理。*
2.积累一定的团队管理经验，执行能力较强，能协调统一多项任务。</td></tr>
<tr><td>2018.9—2019.5
交通银行/大堂副经理</td><td colspan="3">1.客户存贷业务咨询，客户信用卡申请资料，网上银行激活等。
2.参与 2018 年支付结算工作调研，并撰写调研报告。</td></tr>
<tr><td colspan="4">//·项目实践·//</td></tr>
<tr><td>2013.9—2017.7
上海大学/本科-工商管理</td><td colspan="3">1.获得两次校一等奖学金，一次校二等奖学金，一次国家奖学金。
2.2016 年获得大学创业竞赛一等奖。
3.2017 获得优秀毕业生称号。</td></tr>
<tr><td>2017.9—2019.7</td><td colspan="3">1.2018 年获得青年创业大赛银奖。
2.2018 年获得校研究生挑战杯金奖。
3.2019 年在国内某知名期刊发表有关经济学的管理论文。</td></tr>
<tr><td colspan="4">//·职场技能·//</td></tr>
<tr><td>计算机二级</td><td>会计资格证</td><td>英语六级</td><td>熟悉办公软件</td></tr>
<tr><td colspan="2">联系电话：155********</td><td colspan="2">邮箱：**********@163.com</td></tr>
</table>

图 2-54　填写表格内容*

*：表中“通知叫放”应为“通知甲方”，图 2-56、图 2-59、图 2-61、图 2-63、图 2-70、图 2-76 同。(编者注)

(2)单击表格左上角的按钮，选中表格中所有内容，单击“开始”选项卡下“字体”组中的“字体”下拉按钮，在弹出的下拉列表中选择“微软雅黑”选项，见图 2-55。

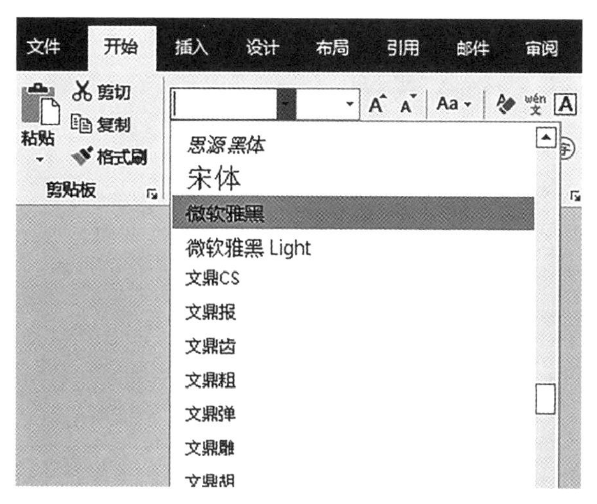

图 2-55 选择“微软雅黑”字体

(3)可看到设置为“微软雅黑”字体后，表格的行距变大了，并且无法调整，见图 2-56。

	李一建	产品经理/项目经理
	性别：男，26 岁	籍贯：上海
	学校：上海大学	学历：硕士-管理学
//·实习经历·//		
2014.7—2015.8 科技公司/项目经理	1.参加公司客户信息系统的筹备工作，负责项目的跟进完善，过程资料的整理以及完善。 2.积累一定的客户沟通经验，沟通能力较强，能实现有效的沟通。	
2016.9—2017.5 商务公司/总经理助理	1.参加公司建立的筹备工作，负责日常会议的安排与主持，通知叫放，资料整理。	

图 2-56 设置“微软雅黑”字体后效果

(4)单击“开始”选项卡下“段落”组中的“段落设置”按钮，见图 2-57。

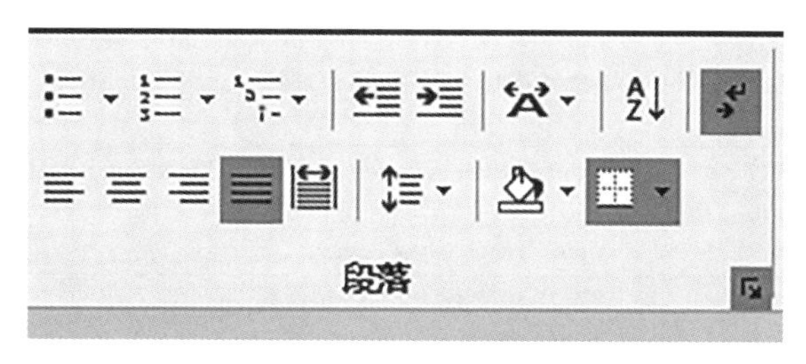

图 2-57 单击“段落设置”按钮

(5)弹出“段落”对话框，选择“缩进和间距”选项卡，见图 2-58，在“间距”选项区域中取消选中“如果定义了文档网格，则对齐到网格”复选框，单击“确定”按钮，表格即可恢复正常行距，效果见图 2-59。

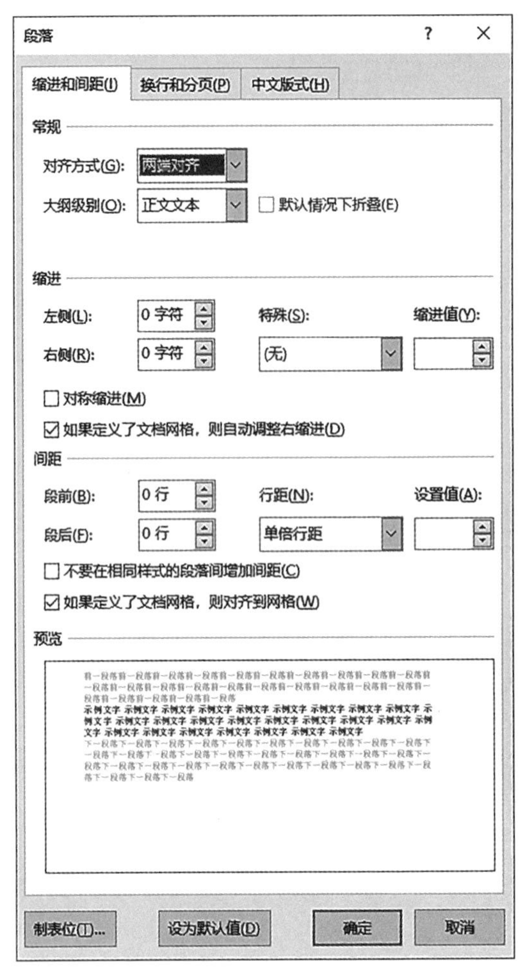

图 2－58　设置缩进和间距

	李一建	产品经理/项目经理	
	性别：男，26岁	籍贯：上海	
	学校：上海大学	学历：硕士-管理学	
//·实习经历·//			
2014.7—2015.8 科技公司/项目经理	1.参加公司客户信息系统的筹备工作，负责项目的跟进完善，过程资料的整理以及完善。 2.积累一定的客户沟通经验，沟通能力较强，能实现有效的沟通。		
2016.9—2017.5 商务公司/总经理助理	1.参加公司建立的筹备工作，负责日常会议的安排与主持，通知叫放，资料整理。 2.积累一定的团队管理经验，执行能力较强，能协调统一多项任务。		
2018.9—2019.5 交通银行/大堂副经理	1.客户存贷业务咨询，客户信用卡申请资料，网上银行激活等。 2.参与2018年支付结算工作调研，并撰写调研报告。		
//·项目实践·//			
2013.9—2017.7 上海大学/本科-工商管理	1.获得两次校一等奖学金，一次校二等奖学金，一次国家奖学金。 2.2016年获得大学创业竞赛一等奖。 3.2017获得优秀毕业生称号。		
2017.9—2019.7	1.2018年获得青年创业大赛银奖。 2.2018年获得校研究生挑战杯金奖。 3.2019年在国内某知名期刊发表有关经济学的管理论文。		
//·职场技能·//			
计算机二级	会计资格证	英语六级	熟悉办公软件
联系电话：155********		邮箱：**********@163.com	

图 2－59　设置缩进和间距后效果

(6)选中“实习经历”“项目实践”“职场技能”文本内容,单击“开始”选项卡下“字体”组中的“字体”下拉按钮,在弹出的“字体”对话框中“字体”选项卡下,在“字号”下拉列表中选择“小二”选项,并在“字形”下接列表中选择“加粗”选项,见图2-60。

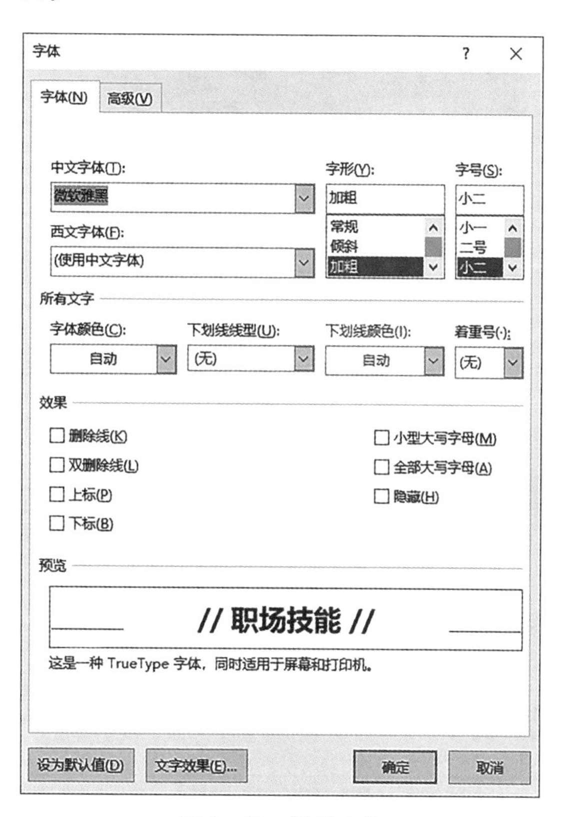

图2-60 设置字体

(7)使用同样的方法设置其他文本的字体,效果见图2-61。

	李一建	产品经理/项目经理	
	性别:男,26岁	籍贯:上海	
	学校:上海大学	学历:硕士-管理学	
//·实习经历·//			
2014.7—2015.8 科技公司/项目经理	1.参加公司客户信息系统的筹备工作,负责项目的跟进完善,过程资料的整理以及完善。 2.积累一定的客户沟通经验,沟通能力较强,能实现有效的沟通。		
2016.9—2017.5 商务公司/总经理助理	1.参加公司建立的筹备工作,负责日常会议的安排与主持,通知叫放,资料整理。 2.积累一定的团队管理经验,执行能力较强,能协调统一多项任务。		
2018.9—2019.5 交通银行/大堂副经理	1.客户存贷业务咨询,客户信用卡申请资料,网上银行激活等。 2.参与2018年支付结算工作调研,并撰写调研报告。		
//·项目实践·//			
2013.9—2017.7 上海大学/本科-工商管理	1.获得两次校一等奖学金,一次校二等奖学金,一次国家奖学金。 2.2016年获得大学创业竞赛一等奖。 3.2017获得优秀毕业生称号。		
2017.9—2019.7	1.2018年获得青年创业大赛银奖。 2.2018年获得校研究生挑战杯金奖。 3.2019年在国内某知名期刊发表有关经济学的管理论文。		
//·职场技能·//			
计算机二级	会计资格证	英语六级	熟悉办公软件
联系电话:155********		邮箱:**********@163.com	

图2-61 设置字体后效果

(8)表格字号调整完成后，发现表格内容整体上看起来比较拥挤，这时可以适当调整表格的行高。将鼠标指针定位至要调整行高的单元格中，选择“表格工具—布局”选项卡，在“单元格大小”组的“表格行高”文本框中输入表格的行高，这里输入“1.5 厘米”，见图 2-62，按 Enter 键。

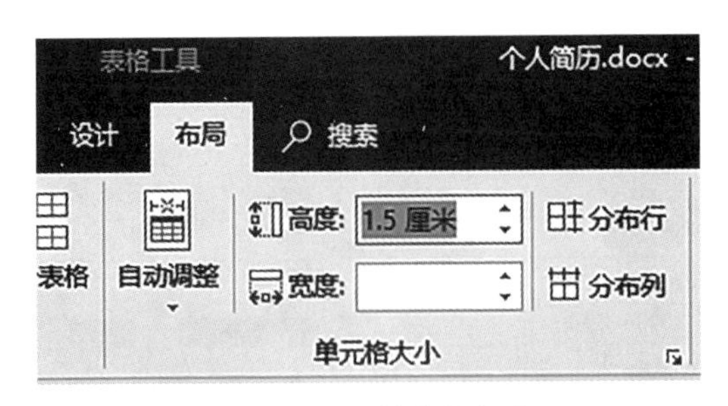

图 2-62　调整表格行高

(9)使用同样的方法，为表格中的其他行调整行高，调整后的效果见图 2-63。

<table>
<tr><td rowspan="3" colspan="2"></td><td colspan="2">李一建</td><td colspan="2">产品经理/项目经理</td></tr>
<tr><td colspan="2">性别：男，26 岁</td><td colspan="2">籍贯：上海</td></tr>
<tr><td colspan="2">学校：上海大学</td><td colspan="2">学历：硕士—管理学</td></tr>
<tr><td colspan="6">//·实习经历·//</td></tr>
<tr><td colspan="2">2014.7—2015.8
科技公司/项目经理</td><td colspan="4">1.参加公司客户信息系统的筹备工作，负责项目的跟进完善，过程资料的整理以及完善。
2.积累一定的客户沟通经验，沟通能力较强，能实现有效的沟通。</td></tr>
<tr><td colspan="2">2016.9—2017.5
商务公司/总经理助理</td><td colspan="4">1.参加公司建立的筹备工作，负责日常会议的安排与主持，通知叫放，资料整理。
2.积累一定的团队管理经验，执行能力较强，能协调统一多项任务。</td></tr>
<tr><td colspan="2">2018.9—2019.5
交通银行/大堂副经理</td><td colspan="4">1.客户存贷业务咨询，客户信用卡申请资料，网上银行激活等。
2.参与 2018 年支付结算工作调研，并撰写调研报告。</td></tr>
<tr><td colspan="6">//·项目实践·//</td></tr>
<tr><td colspan="2">2013.9—2017.7
上海大学/本科-工商管理</td><td colspan="4">1.获得两次校一等奖学金，一次校二等奖学金，一次国家奖学金。
2.2016 年获得大学创业竞赛一等奖。
3.2017 获得优秀毕业生称号。</td></tr>
<tr><td colspan="2">2017.9—2019.7</td><td colspan="4">1.2018 年获得青年创业大赛银奖。
2.2018 年获得校研究生挑战杯金奖。
3.2019 年在国内某知名期刊发表有关经济学的管理论文。</td></tr>
<tr><td colspan="6">//·职场技能·//</td></tr>
<tr><td>计算机二级</td><td colspan="2">会计资格证</td><td>英语六级</td><td colspan="2">熟悉办公软件</td></tr>
<tr><td colspan="3">联系电话：155********</td><td colspan="3">邮箱：**********@163.com</td></tr>
</table>

图 2-63　调整表格行高后的效果

五、美化表格

(1)选择要填充底纹的单元格,单击"表格工具—设计"选项卡下"表格样式"组中的"底纹"下拉按钮,在弹出的下拉列表中选择一种底纹颜色即可为表格添加底纹,见图 2-64。

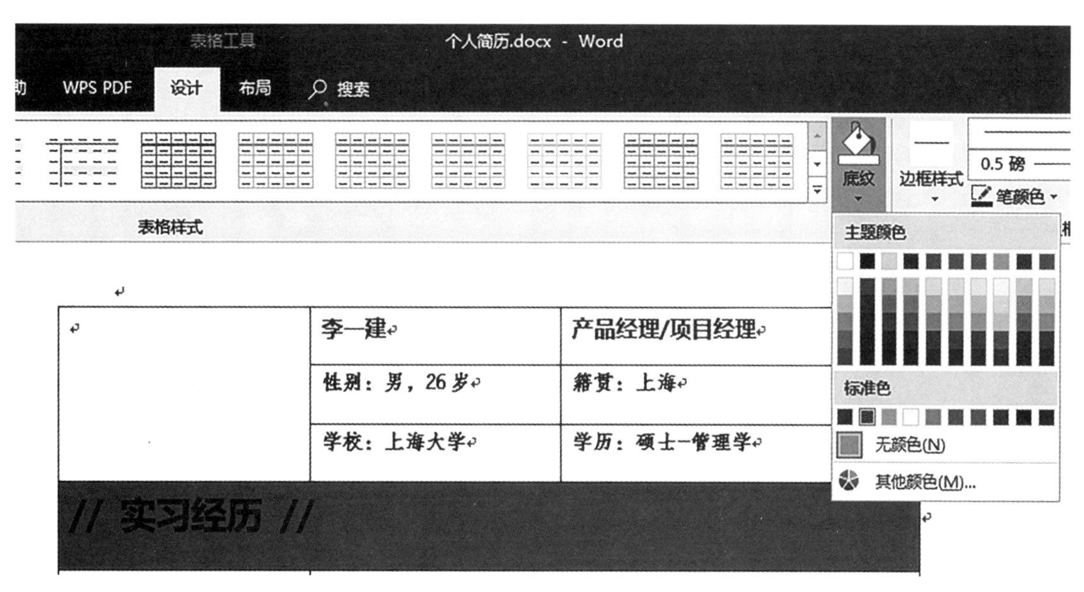

图 2-64 设置底纹颜色

(2)选中已设置底纹的单元格,单击"设计"选项卡下"表格样式"组中的"底纹"下拉按钮,此时在弹出的下拉列表中选择"无颜色" 选项,即可删除底纹。

(3)选择整个表格,单击"表格工具—布局"选项卡"表"组中的"属性"按钮。弹出"表格属性"对话框,选择"表格"选项卡,单击"边框和底纹"按钮,见图 2-65。

图 2-65 弹出"表格属性"对话框

(4)弹出“边框和底纹”对话框后,在“边框”选项卡下选择“设置”选项区域中的“自定义”选项。在“样式”列表框中任意选择一种线型,这里选择第一种线型,设置“颜色”为“橙色”,设置“宽度”为0.5磅。在“预览”选项区域选择要设置的边框位置,即可看到预览效果,见图2-66。

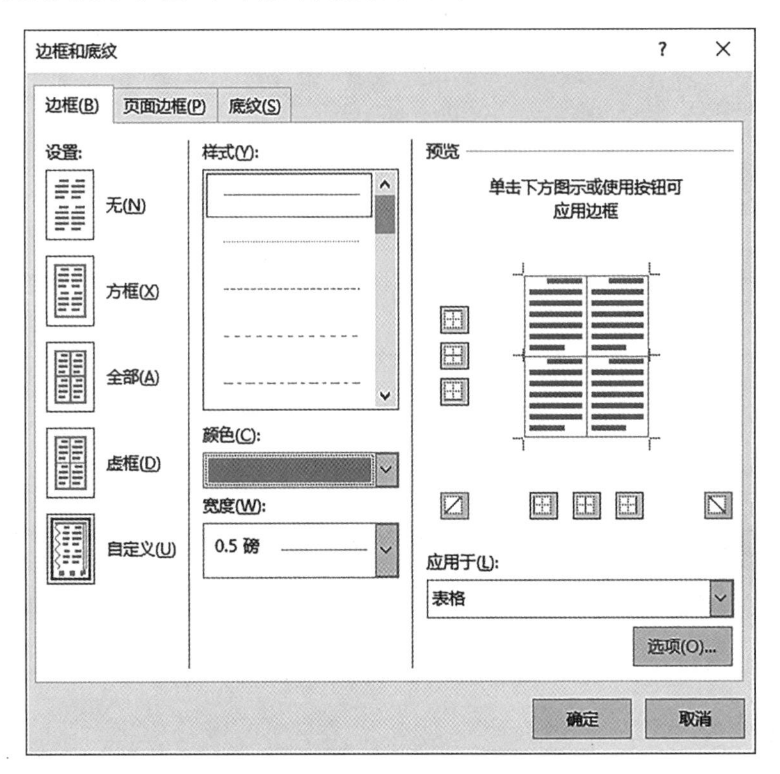

图2-66　设置边框和预览边框效果

(5)选择“底纹”选项卡下“填充”选项区域中的下拉按钮,在弹出的“主题颜色”面板中,选择“橙色,个性色2,淡色80%”选项,见图2-67。

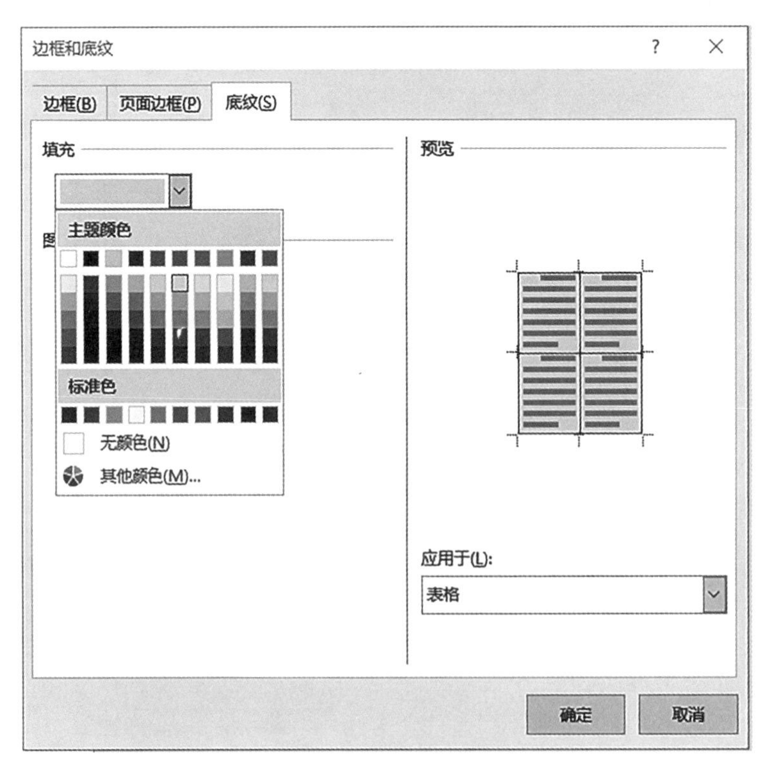

图2-67　设置底纹填充颜色

(6)选择底纹填充颜色后,在“预览”选项区域即可看到设置底纹后的效果,单击“确定”按钮,见图 2-68。

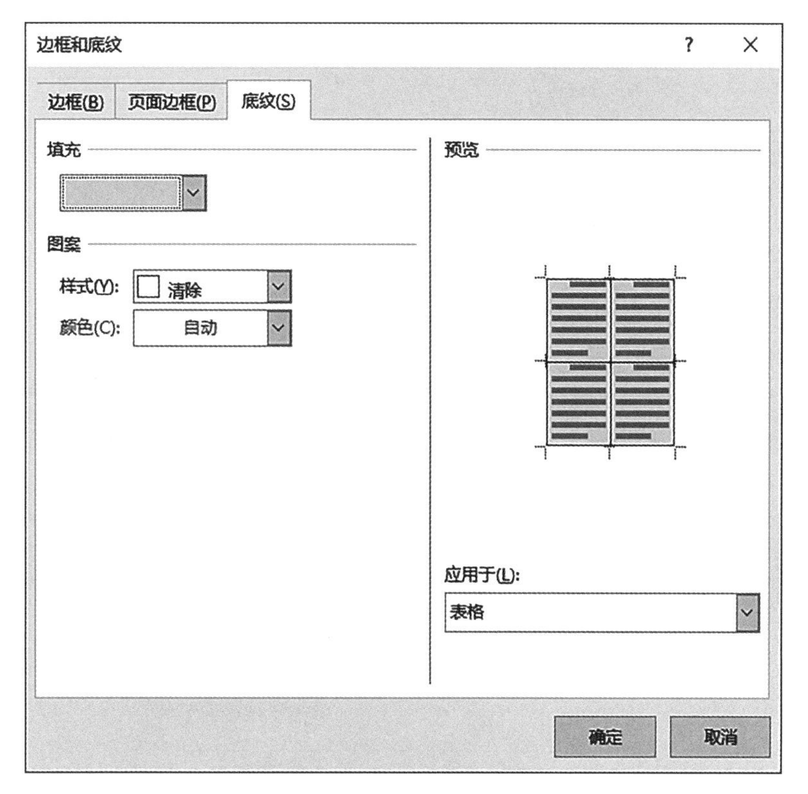

图 2-68 预览底纹效果

(7)返回“表格属性”对话框,单击“确定”按钮,见图 2-69。

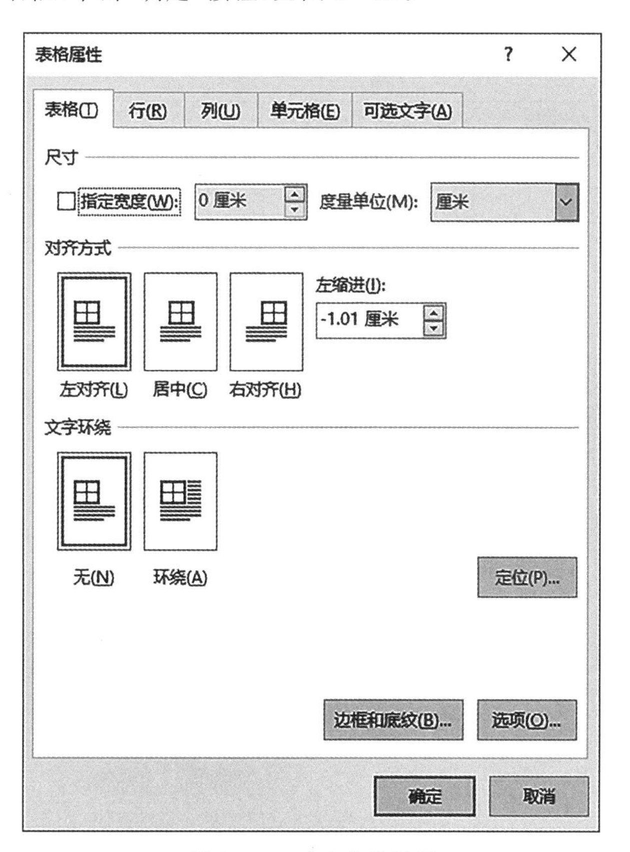

图 2-69 确定前述设置

(8)在求职简历文档中即可看到设置表格边框和底纹后的效果,见图 2-70。

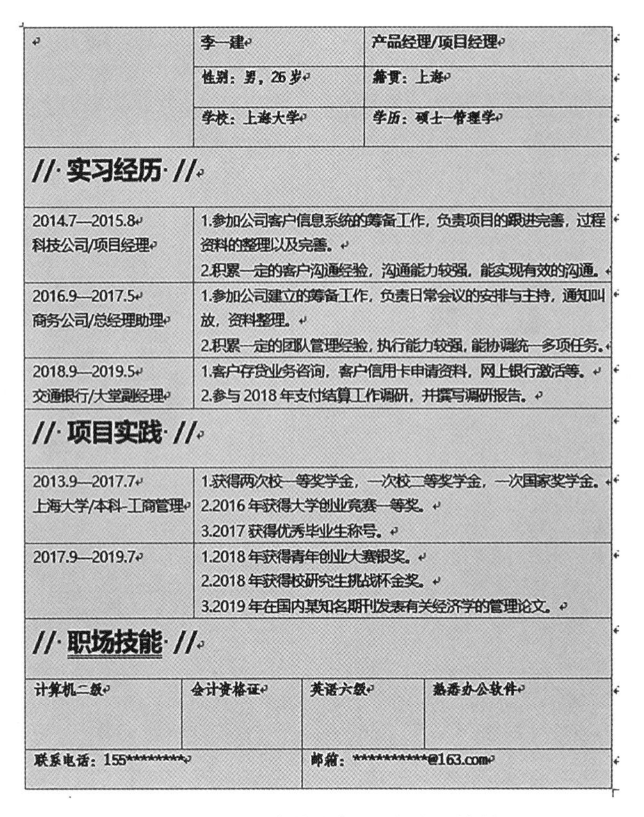

图 2-70　设置表格边框和底纹后的效果

(9)选择整个表格,单击"布局"选项卡"表"组中的"属性"按钮。弹出"表格属性" 对话框,单击"边框和底纹"按钮,见图 2-71。

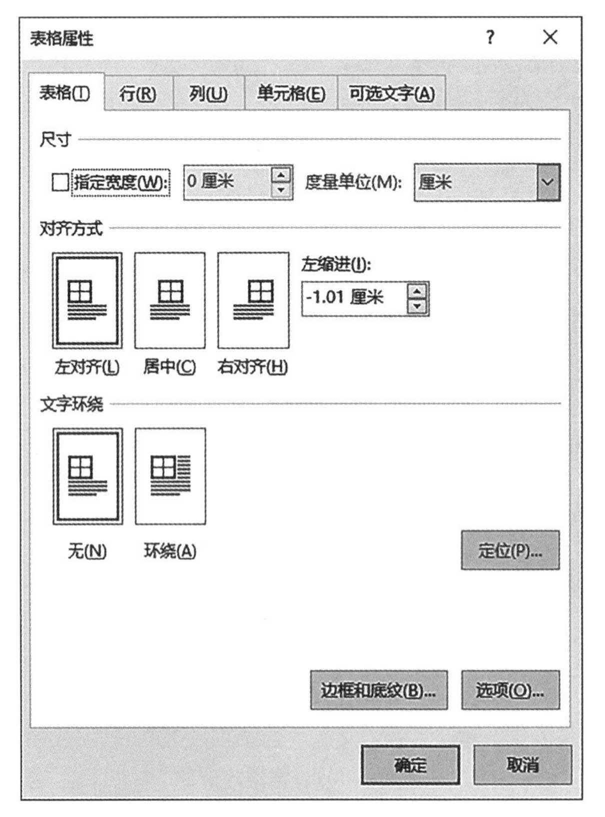

图 2-71　单击"边框和底纹"按钮

(10)弹出“边框和底纹”对话框后，在“边框”选项卡下选择“设置”选项区域中的“无”选项，在“预览”选项区域即可看到取消边框后的效果，见图 2－72。

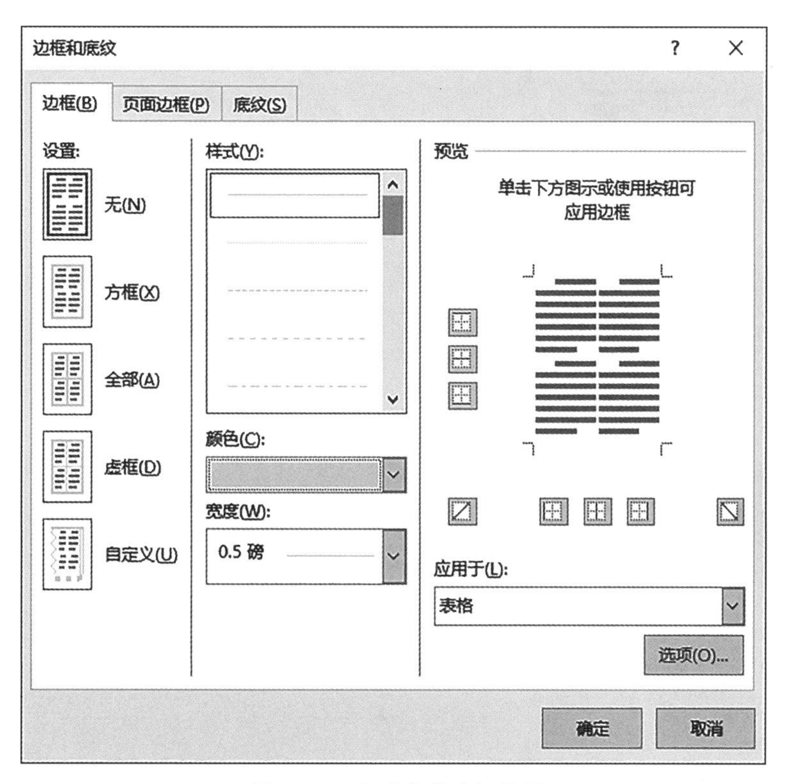

图 2－72　取消表格边框效果

(11)单击“底纹”选项卡下“填充”选项区域中的下拉按钮，在弹出的“主题颜色”面板中，选择“无颜色”选项，见图 2－73，在“预览”选项区域即可看到取消底纹后的效果，见图 2－74。

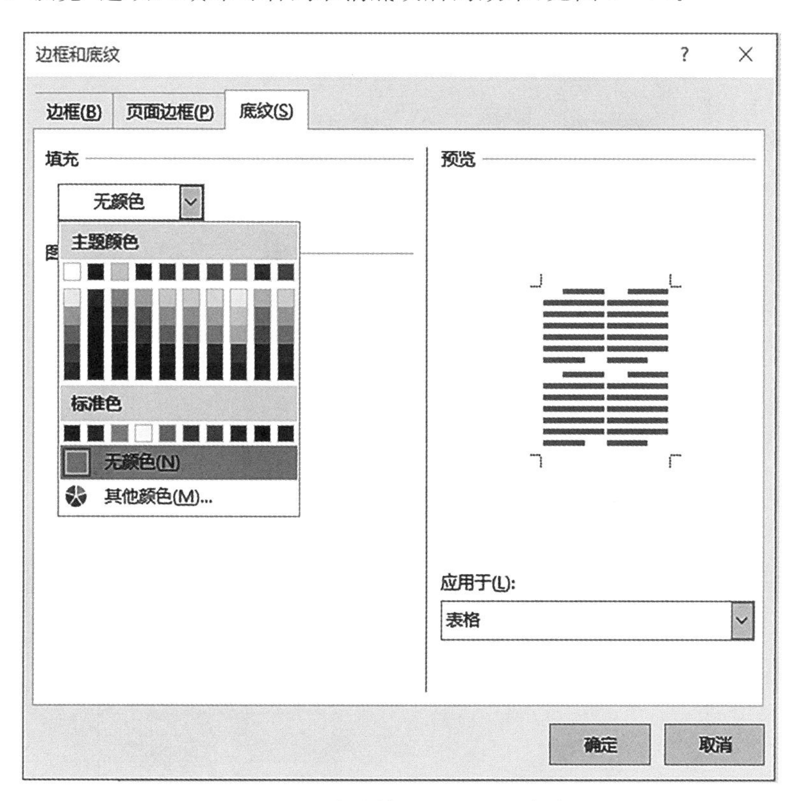

图 2－73　底纹填充设置为“无颜色”

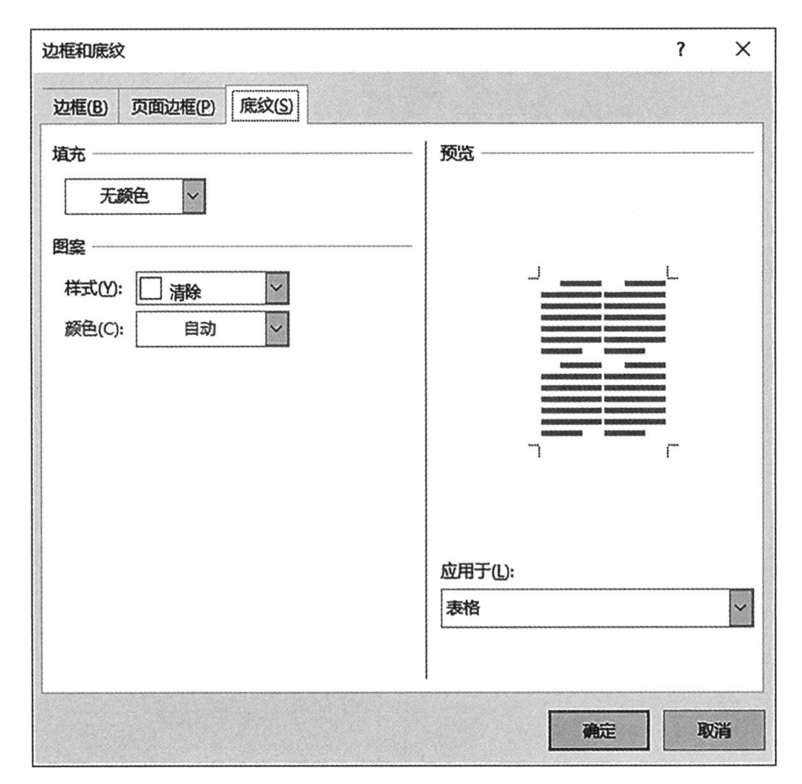

图 2-74 取消底纹效果

(12)单击“确定”按钮后返回“表格属性”对话框,见图 2-75,再次单击“确定”按钮即可关闭“表格属性”对话框。

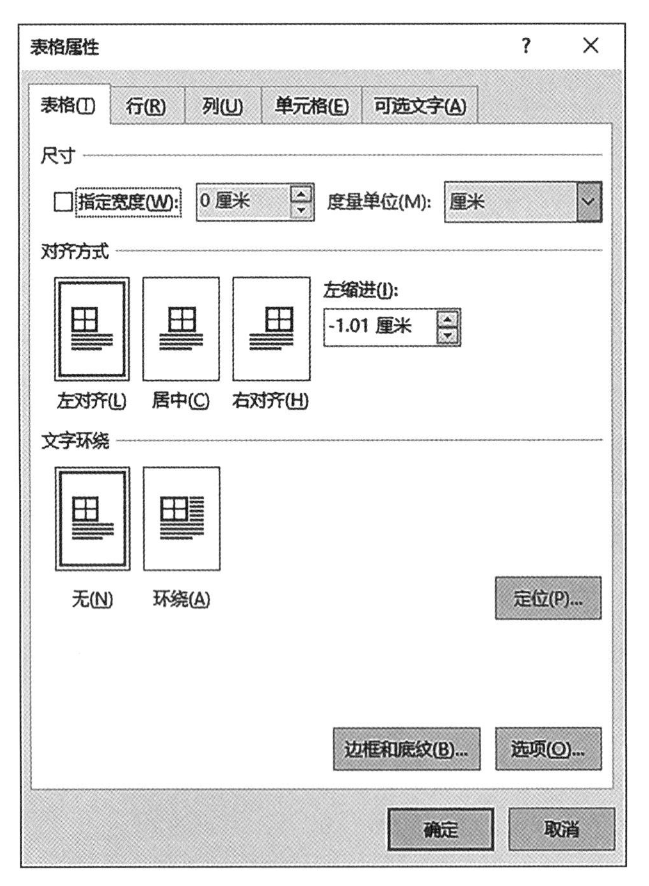

图 2-75 返回“表格属性”对话框

(13)在简历文档中,可以查看取消表格边框和底纹后的效果,见图 2-76。

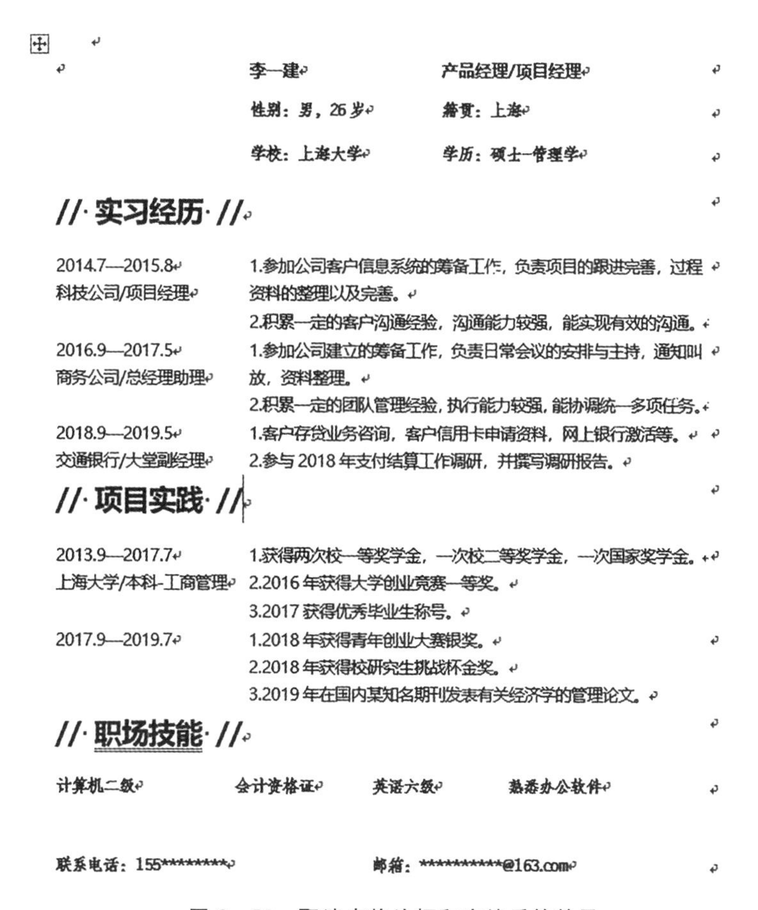

李一建 产品经理/项目经理

性别:男,26岁 籍贯:上海

学校:上海大学 学历:硕士—管理学

//·实习经历·//

2014.7—2015.8 科技公司/项目经理
1.参加公司客户信息系统的筹备工作,负责项目的跟进完善,过程资料的整理以及完善。
2.积累一定的客户沟通经验,沟通能力较强,能实现有效的沟通。

2016.9—2017.5 商务公司/总经理助理
1.参加公司建立的筹备工作,负责日常会议的安排与主持,通知叫放,资料整理。
2.积累一定的团队管理经验,执行能力较强,能协调统一多项任务。

2018.9—2019.5 交通银行/大堂副经理
1.客户存贷业务咨询,客户信用卡申请资料,网上银行激活等。
2.参与 2018 年支付结算工作调研,并撰写调研报告。

//·项目实践·//

2013.9—2017.7 上海大学/本科-工商管理
1.获得两次校一等奖学金,一次校二等奖学金,一次国家奖学金。
2.2016 年获得大学创业竞赛一等奖。
3.2017 获得优秀毕业生称号。

2017.9—2019.7
1.2018 年获得青年创业大赛银奖。
2.2018 年获得校研究生挑战杯金奖。
3.2019 年在国内某知名期刊发表有关经济学的管理论文。

//·职场技能·//

计算机二级 会计资格证 英语六级 熟悉办公软件

联系电话:155******** 邮箱:**********@163.com

图 2-76 取消表格边框和底纹后的效果

六、添加形状并设置形状样式

(1)单击“插入”选项卡下“插图”组中的“形状”按钮,在弹出的下拉列表中选择“矩形”选项组中的“矩形:圆角”形状,见图 2-77。

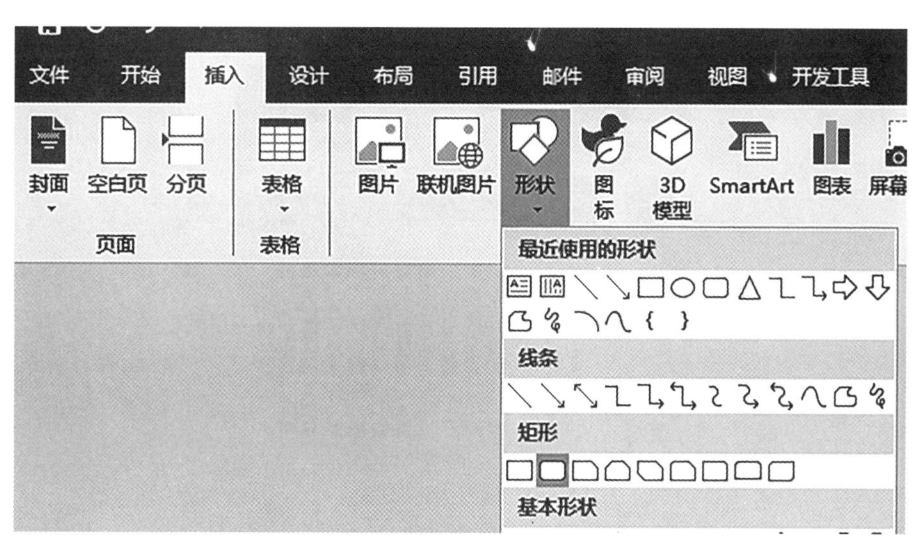

图 2-77 单击“插图”组中的“形状”按钮

(2)在文档中选择要绘制形状的起始位置,按住鼠标左键并拖曳至合适位置,松开鼠标左键,即可完成形状的绘制,见图 2-78。

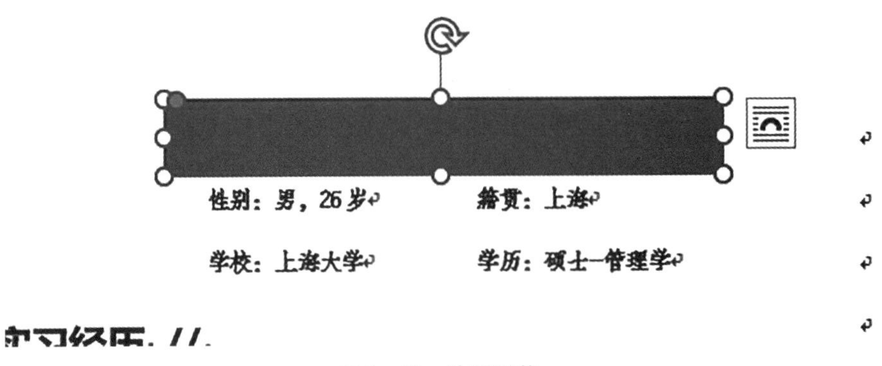

图 2-78 绘制形状

(3)单击“绘图工具—格式”选项卡下“形状样式”组中“形状填充”右侧的下拉按钮,在弹出的下拉列表中选择“无填充”选项,见图 2-79。

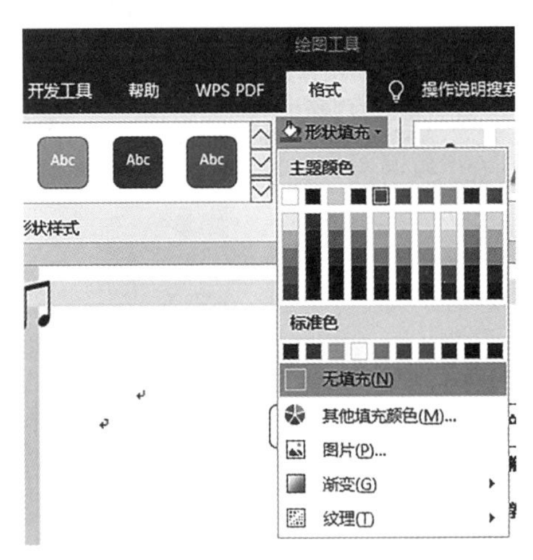

图 2-79 选择“形状填充”下的“无填充”

(4)单击“绘图工具—格式”选项卡下“形状样式”组中“形状轮廓”右侧的下拉按钮,在弹出的下拉列表中选择“黄色”选项,见图 2-80。

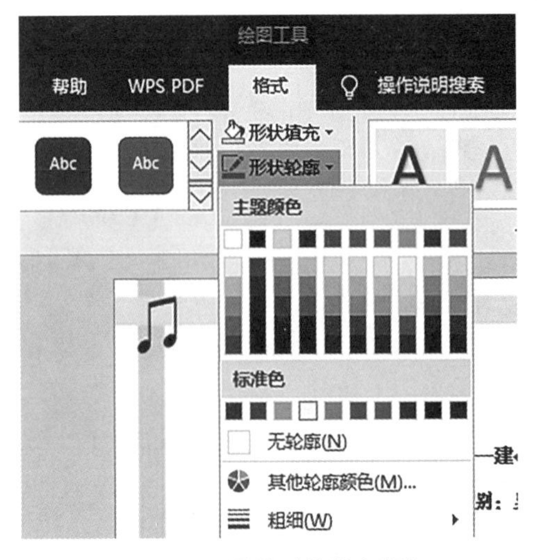

图 2-80 设置形状轮廓颜色

(5)单击“绘图工具—格式”选项卡下“形状样式”组中“形状轮廓”右侧的下拉按钮,在弹出的下拉列表中选择“粗细”→“3 磅”选项,见图 2-81。

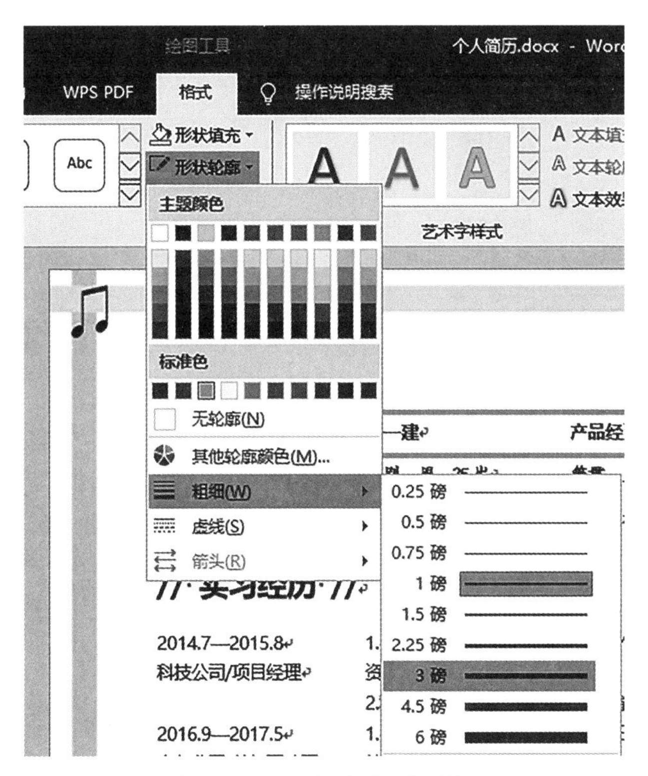

图 2-81 设置形状轮廓粗细

(6)在简历页面中即可看到设置形状样式后的效果,见图 2-82。

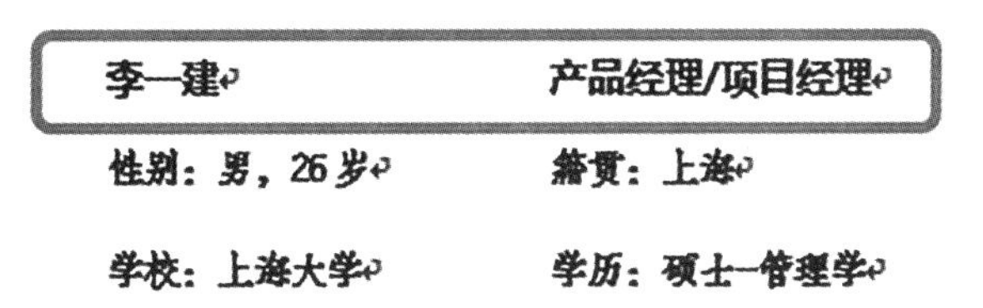

图 2-82 设置形状样式后的效果

七、添加个人照片

(1)将光标定位至要插入头像的位置,单击“插入”选项卡下“插图”组中的“图片”按钮,见图 2-83。

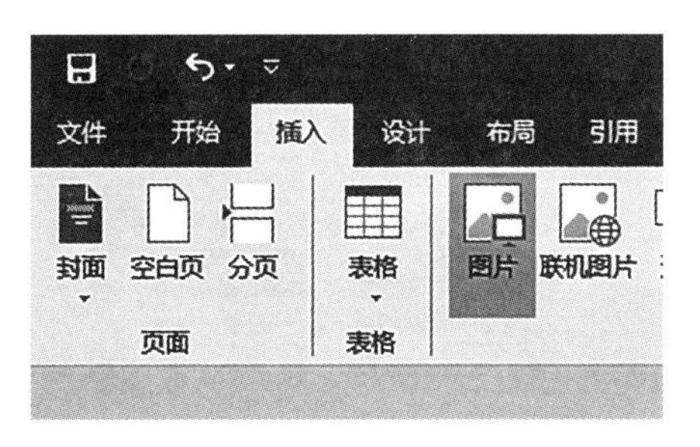

图 2-83 单击“插图”组中的“图片”按钮

(2)弹出“插入图片”对话框后,选择要插入的图片,单击“插入”按钮,即可插入图片,见图2-84。

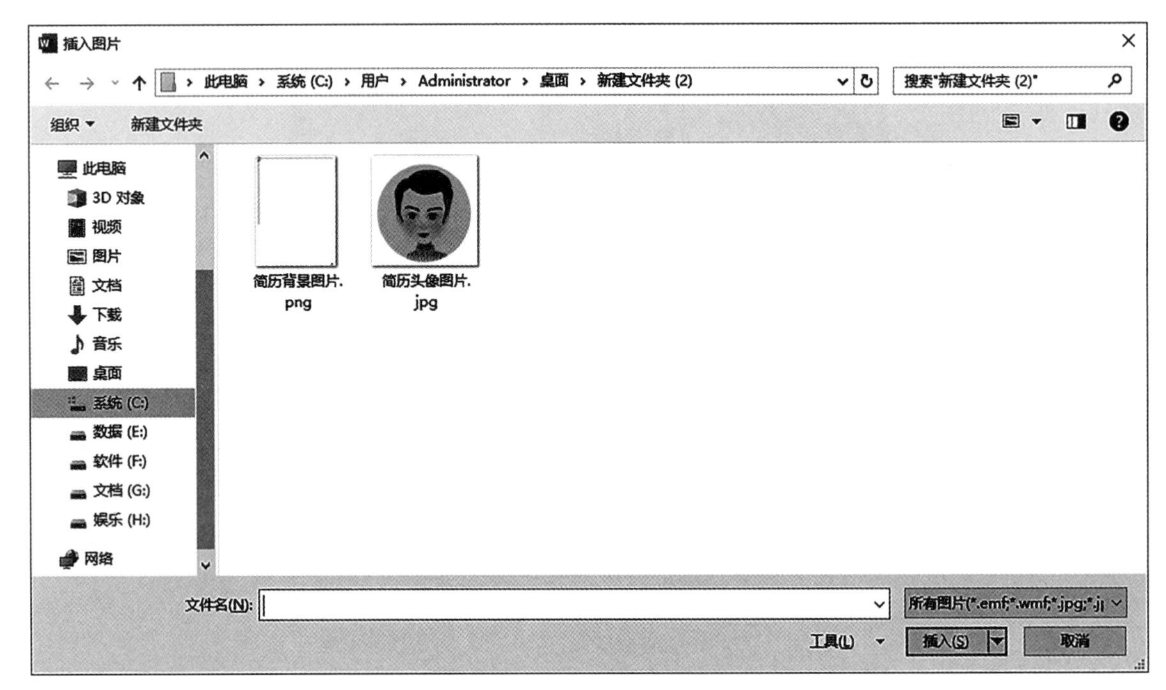

图2-84　选择要插入的图片

(3)将鼠标指针放置在图片的4个角上,当鼠标指针变为双向箭头形状时,按住鼠标左键并拖曳,即可等比例地缩放图片,见图2-85。

图2-85　调整图片大小

(4)选中图片,单击“图片工具—格式”选项卡下“排列”组中的“环绕文字”按钮,在弹出的下拉列表中选择“浮于文字上方”选项,见图2-86。

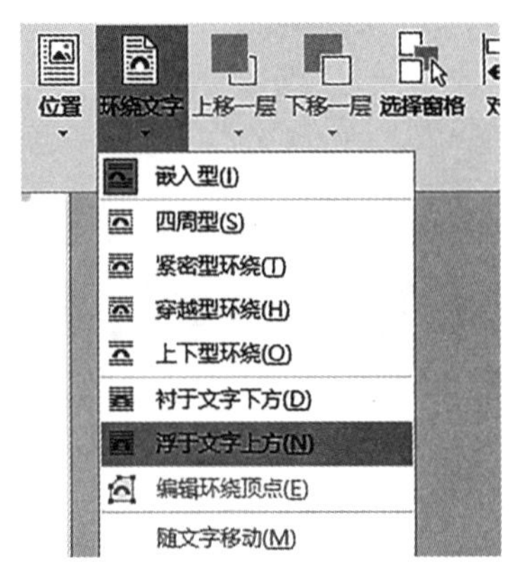

图2-86　选择“环绕文字”下的“浮于文字上方”

(5)然后将鼠标指针放置在图片上，当鼠标指针变为✣形状时，按住鼠标左键并拖曳，调整图片的位置，最终效果见图 2-87。

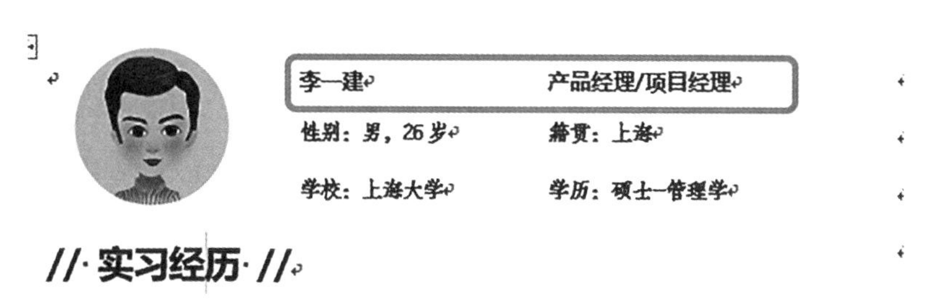

图 2-87 调整图片后的最终效果

(6)选择插入的图片，单击“图片工具— 格式”选项卡下“调整”组中的“校正”按钮，在弹出的下拉列表中选择“亮度/对比度”选项组中的一种，见图 2-88，即可改变图片的亮度/对比度，见图 2-89。

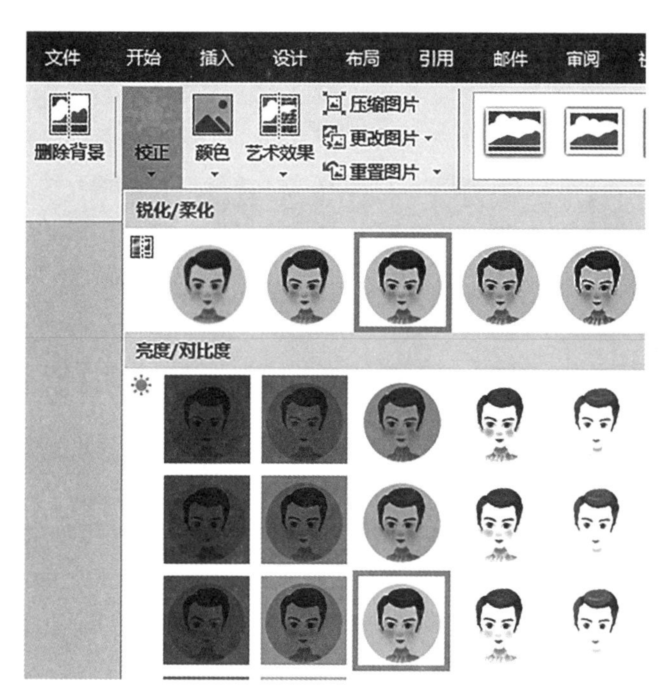

图 2-88 调整图片亮度/对比度

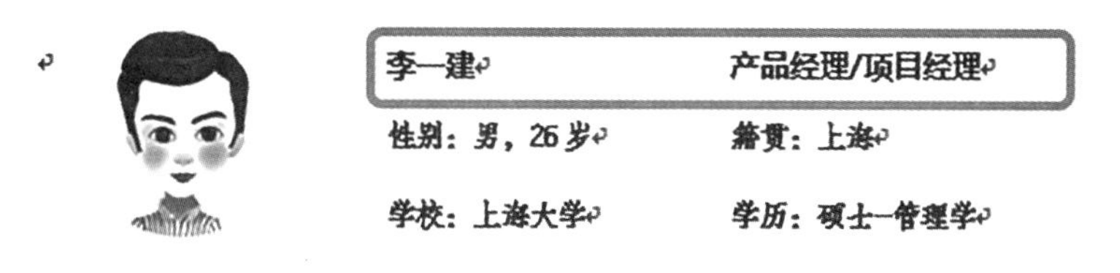

图 2-89 调整图片亮度/对比度后的效果

(7)选中图片，单击“调整”组中的“颜色”按钮，在弹出的下拉列表中选择“重新着色”选项组中的一种颜色，见图 2-90。

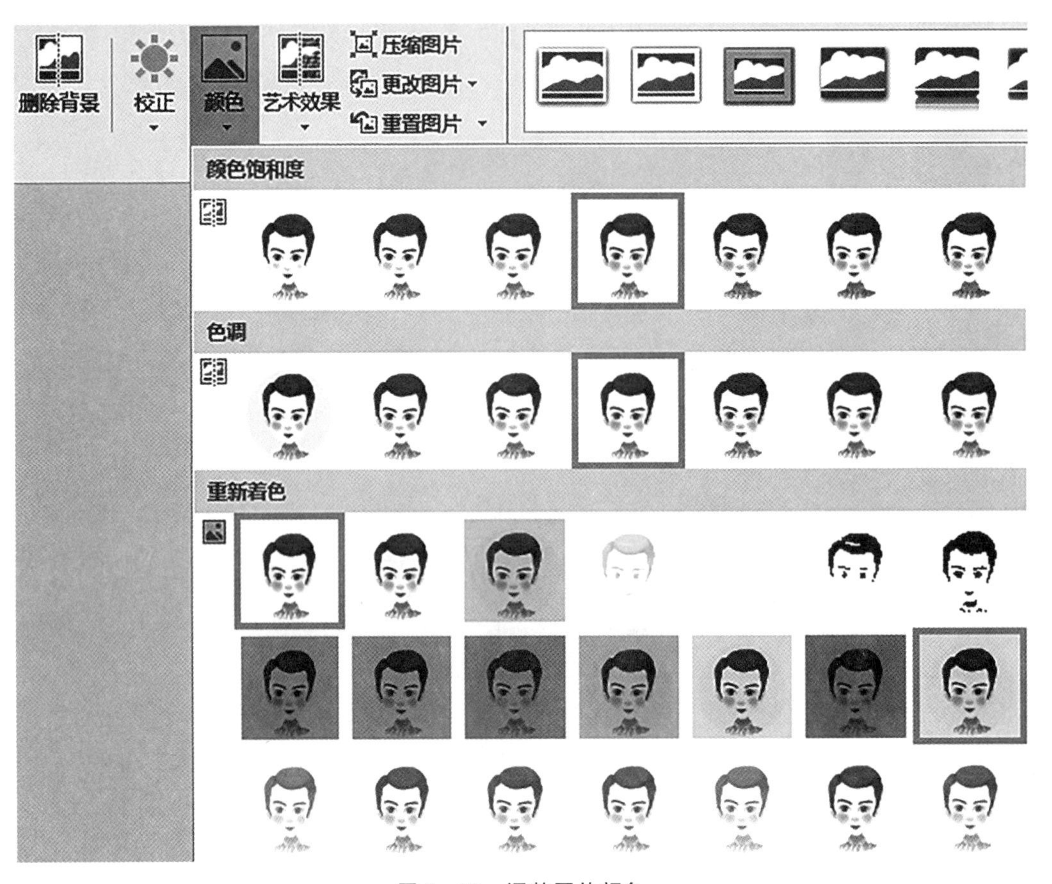

图 2-90 调整图片颜色

(8)选中图片,单击“调整”组中的“艺术效果”按钮,在弹出的下拉列表中选择一种艺术效果,见图 2-91。

(9)改变艺术效果之后的图片见图 2-92。

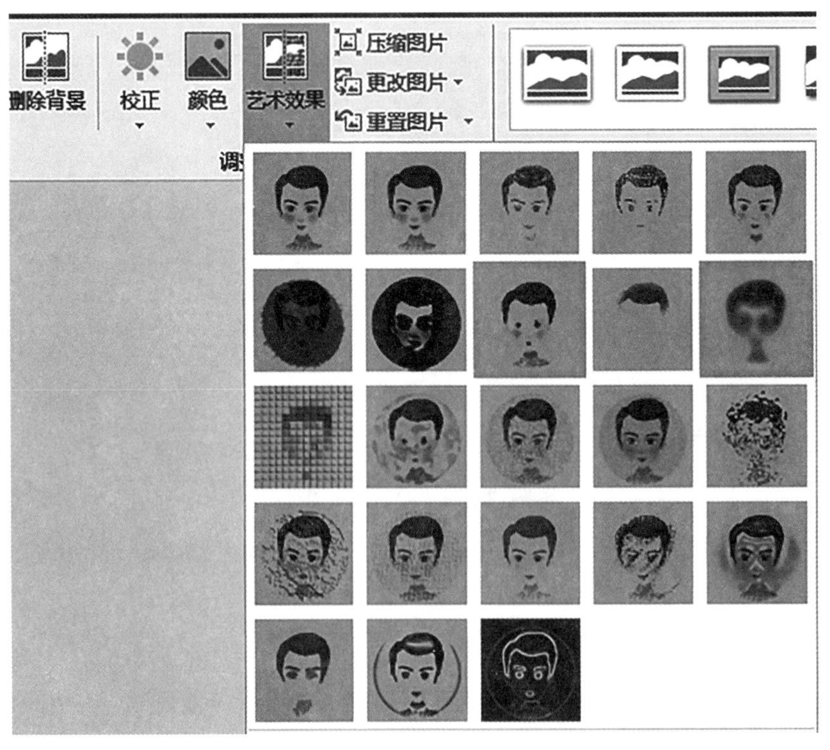

图 2-91 设置图片艺术效果

图 2 - 92 改变艺术效果之后的图片

(10)选中图片,单击“图片工具—格式” 选项卡下“图片样式”组中的“其他”按钮，在弹出的下拉列表中选择“柔化边缘椭圆”选项,见图 2 - 93,即可看到图片样式更改后的效果,见图 2 - 94。

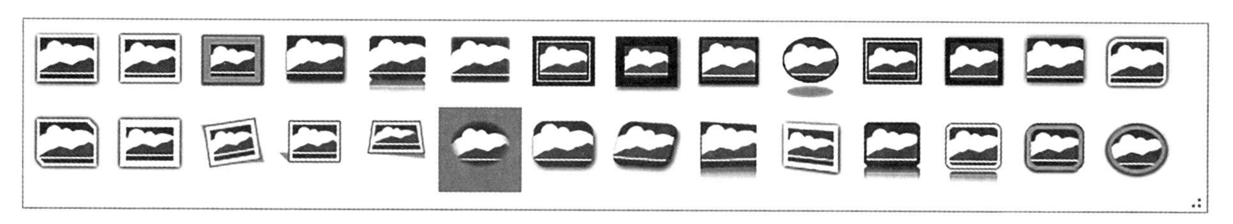

图 2 - 93 选择“柔化边缘椭圆”选项

图 2 - 94 改变图片样式后的效果

(11)单击“图片工具—格式”选项卡下“图片样式”组中的“图片效果”按钮,在弹出的下拉列表中选择“预设”→“预设 1”选项,见图 2 - 95,即可在简历中看到图片预设后的效果,见图 2 - 96。

(12)选中图片,单击“图片工具—格式” 选项卡下“调整”组中的“重置图片”按钮,见图 2 - 97,即可删除前面对图片添加的各种格式,恢复最原始的调整过大小之后的图片,见图 2 - 98。

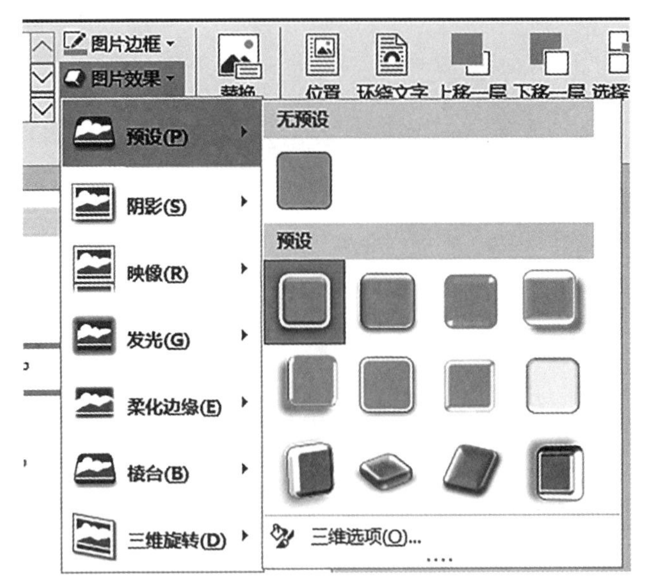

图 2－95　在“预设”下选择“预设 1”选项

图 2－96　图片预设后的效果

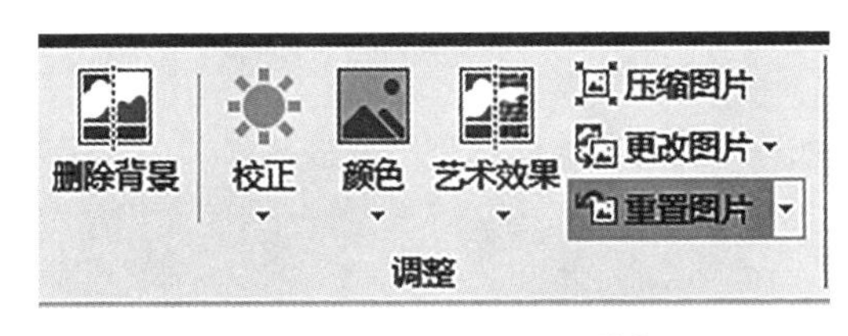

图 2－97　选择“重置图片”

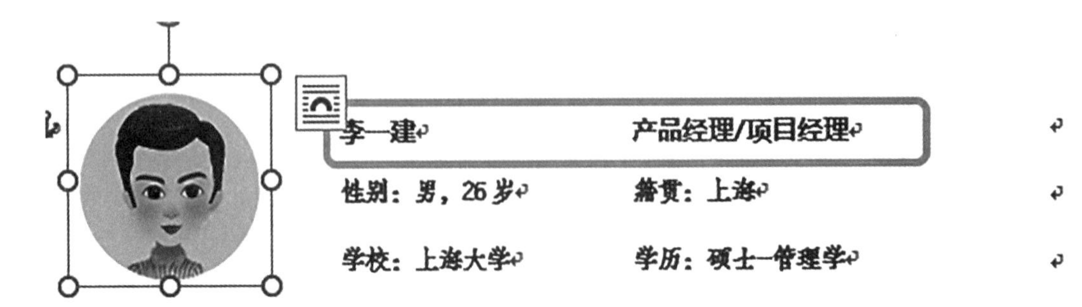

图 2－98　恢复原始图片效果

实训扩展

做一份个人简历，要求如下：第一页，插入艺术字“个人简历”，设置字体为“华文行楷，72 号”；添加“姓名”“专业”“毕业院校”“联系方式”选项，字体设置为“楷体，一号，加粗”，段落格式设置为“左对齐，首行缩进 3 字符”；插入分页符，在第二页插入 4×13 表格，根据要填入的内容拆分和合并单元格，表格高度设置为“0.8 厘米”，给表格添加深红色底纹；把“个人工作经历”单元格的文字方向改为纵向；根据内容调整表格高度；插入背景图片。

项目三　Excel 综合应用

实训一　采购信息表

实训引入

采购部门需要对每次的采购工作进行记录，以便于统计采购的数量和总金额，而且还可对各类办公用品的消耗情况进行统计分析，制作表格时要做到数据准确，Excel 中的数据分为数字型、文本型、日期型、时间型和逻辑型等，输入数据时要分清数据属于哪种类型，确保数据输入的准确性。

操作步骤

一、输入数据

(1)打开工作簿，选中需要输入物料编号的单元格区域 A2:A20，切换到“开始”选项卡，在“数字”组中，单击“数字”格式右侧的下三角按钮，在弹出的下拉列表中选择“文本”选项，将所选单元格的数据类型设置为文本类型，见图 3-1。

图 3-1　在“数字”格式下拉列表中选择“文本”选项

(2)在单元格 A2 中输入物料编号,即可正常显示,同时单元格左上角会出现一个绿色小三角,见图3-2。

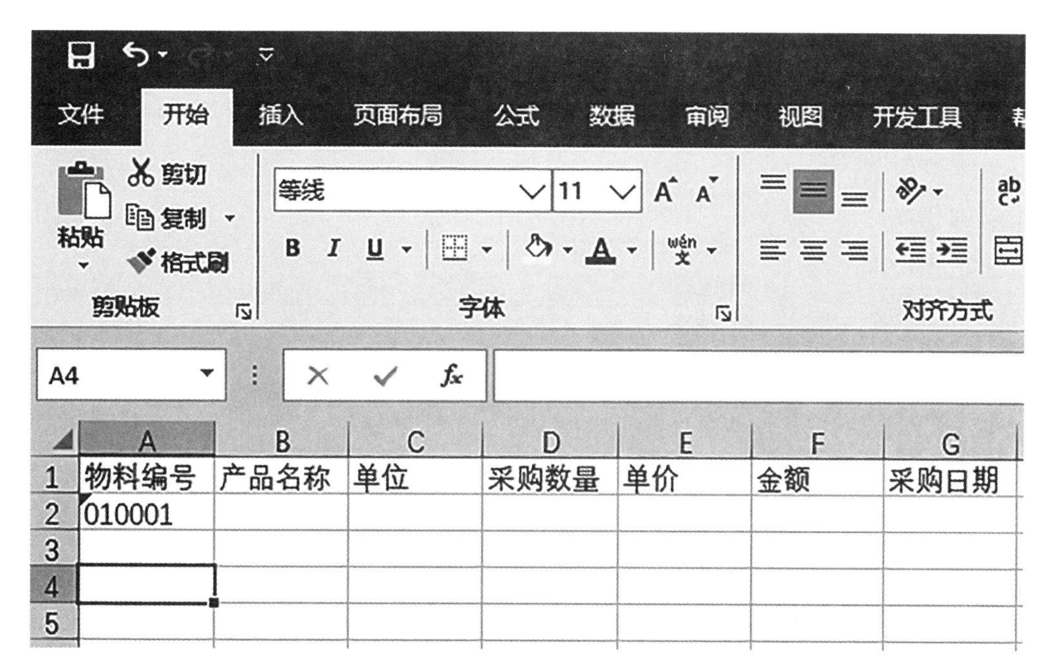

图 3-2 输入物料编号

(3)选中需要输入单价的单元格区域 E2 :E20,然后切换到“开始”选项卡,单击“数字”组右下角的“数字格式”按钮,见图 3-3。

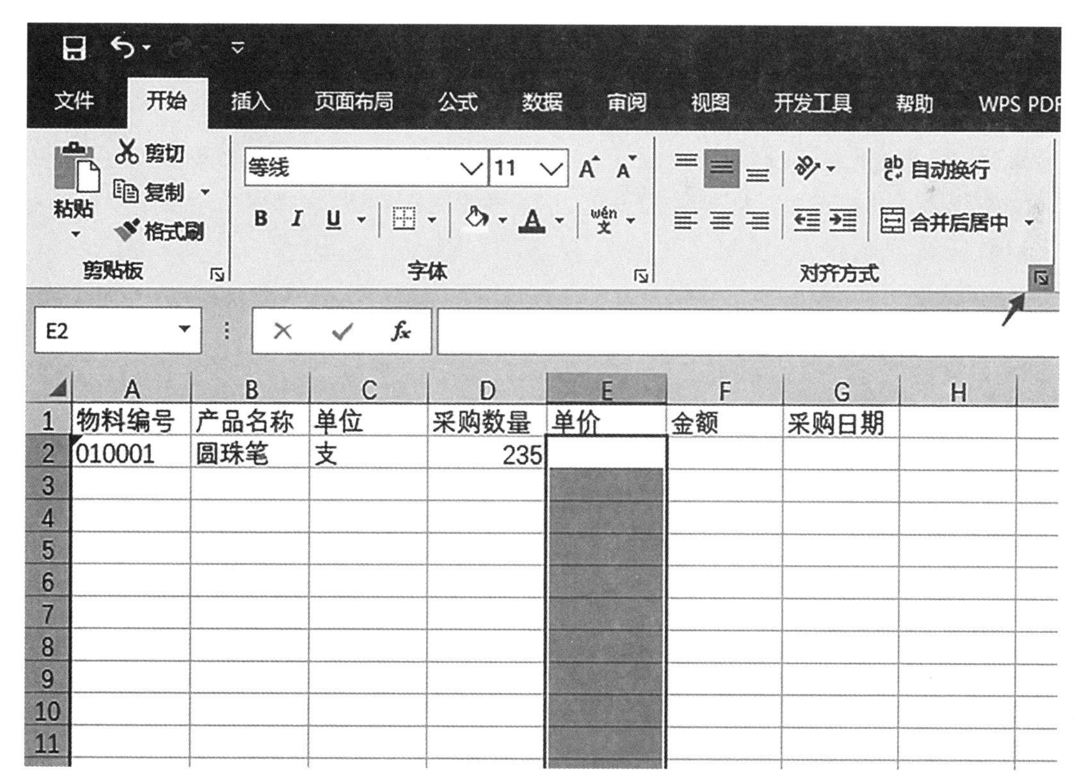

图 3-3 设置“单价”单元格格式

(4)弹出“设置单元格格式”对话框,切换到“数字”选项卡,在“分类”列表框中选择“数值”选项,见图3-4。

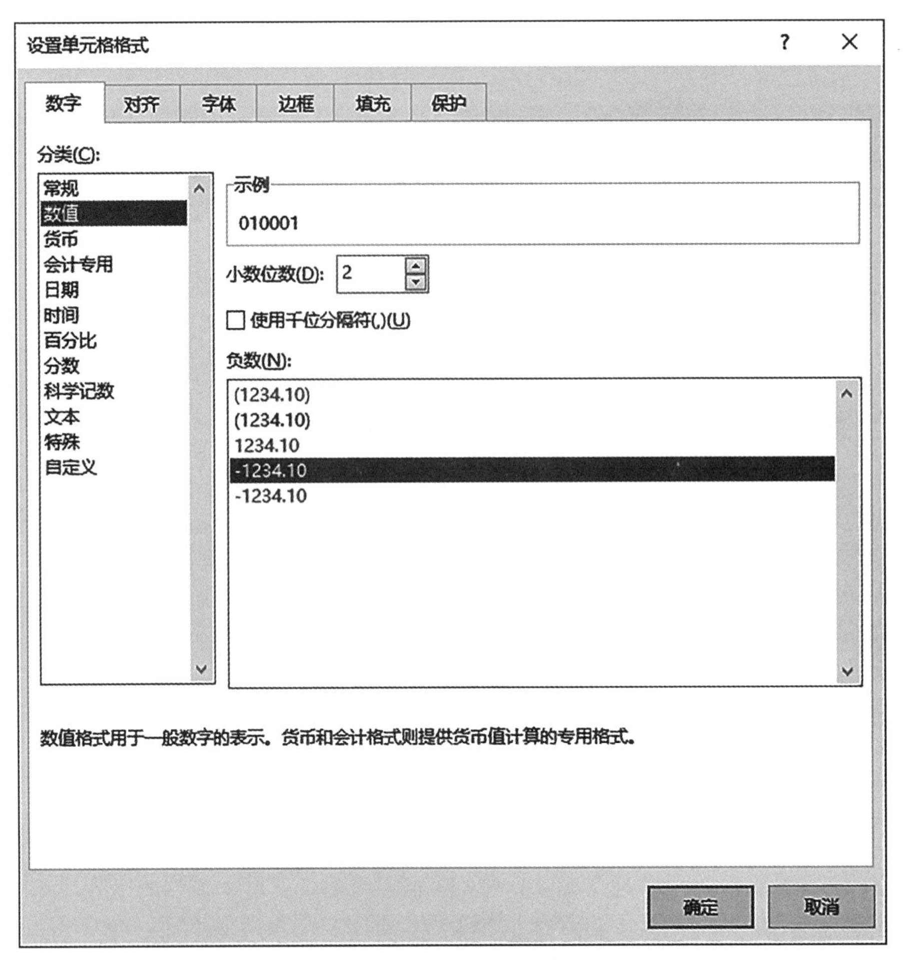

图 3-4　在“分类”列表中选择“数值”选项

(5)设置完毕,单击“确定”按钮。返回工作表,在单元格 E2 中输入单价“1.5”, Excel 将显示为“￥1.50”,选中需要输入金额的单元格区域 F2:F20,然后单击鼠标右键,在弹出的快捷菜单中选择“设置单元格格式”选项,见图 3-5。

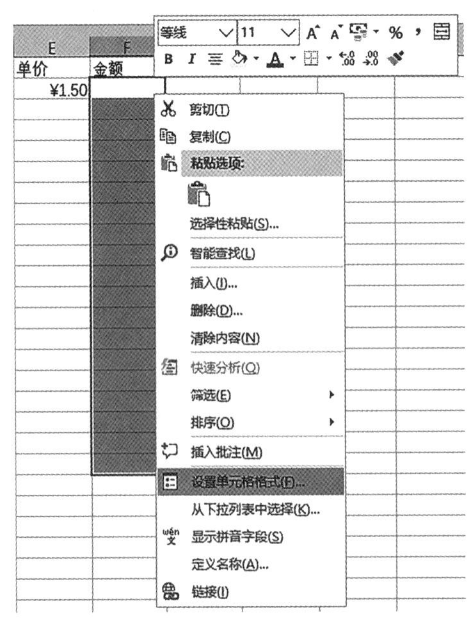

图 3-5　设置“金额”单元格格式

(6)弹出“设置单元格格式”对话框，切换到“数字”选项卡，在“分类”列表框中选择“会计专用”选项，见图 3－6。

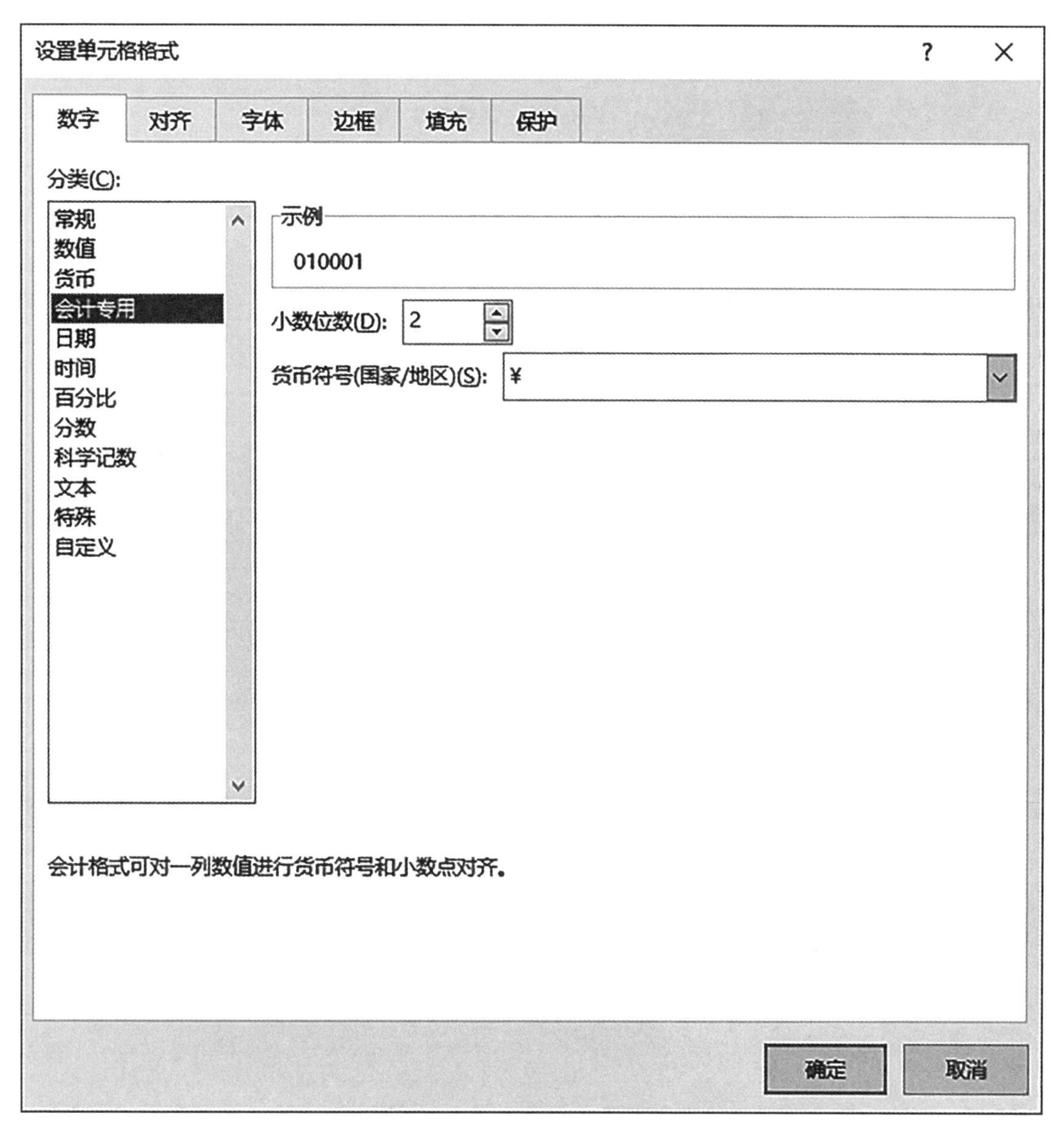

图 3－6　选择“会计专用”选项

(7)单击“确定”按钮后，设置完毕，在金额栏输入金额即可，效果见图 3－7。

A2　010001

	A	B	C	D	E	F	G
1	物料编号	产品名称	单位	采购数量	单价	金额	采购日期
2	010001	铢笔	支	235	¥1.50	¥ 352.50	
3							
4							
5							

图 3－7　在单元格内输入内容

二、填充数据

(1)选中单元格 A2,将鼠标指针移至单元格的右下角,鼠标指针变为✚形状,按住鼠标左键不放,向下拖曳到单元格 A20,然后释放鼠标左键,此时,选中的区域自动按序列填充物料编号,见图 3-8。

1	物料编号	产品名称	单位	采购数量	单价	金额
2	010001	圆珠笔	支	235	¥1.50	¥ 352.5
3	010002					
4	010003					
5	010004					
6	010005					
7	010006					
8	010007					
9	010008					
10	010009					
11	010010					
12	010011					
13	010012					
14	010013					
15	010014					
16	010015					
17	010016					
18	010017					
19	010018					
20	010019					

图 3-8　自动填充物料编号

(2)在单元格 B2:B20 中输入产品名称,然后选中单元格区域 C2:C20 中需要输入相同单位的单元格,见图 3-9。

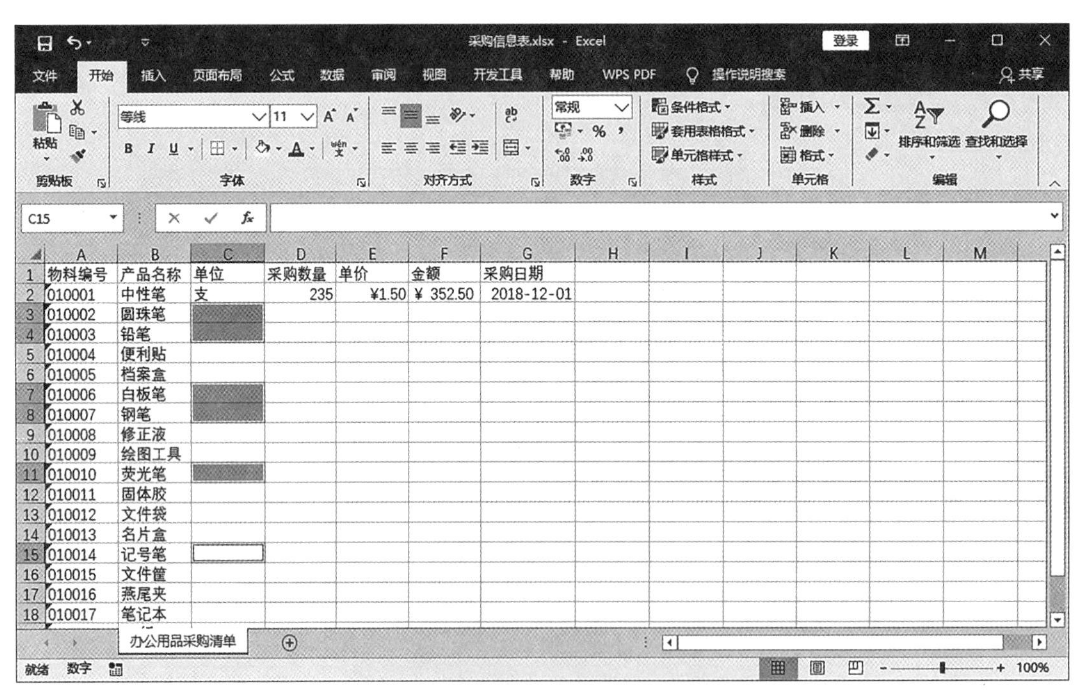

	A	B	C	D	E	F	G
1	物料编号	产品名称	单位	采购数量	单价	金额	采购日期
2	010001	中性笔	支	235	¥1.50	¥ 352.50	2018-12-01
3	010002	圆珠笔					
4	010003	铅笔					
5	010004	便利贴					
6	010005	档案盒					
7	010006	白板笔					
8	010007	钢笔					
9	010008	修正液					
10	010009	绘图工具					
11	010010	荧光笔					
12	010011	固体胶					
13	010012	文件袋					
14	010013	名片盒					
15	010014	记号笔					
16	010015	文件筐					
17	010016	燕尾夹					
18	010017	笔记本					

图 3-9　选中需要输入相同单位的单元格区域

(3)通过键盘输入“支”,然后按 Ctrl+Enter 组合键,即可在选中的单元格中同时输入“支”,见图 3-10。

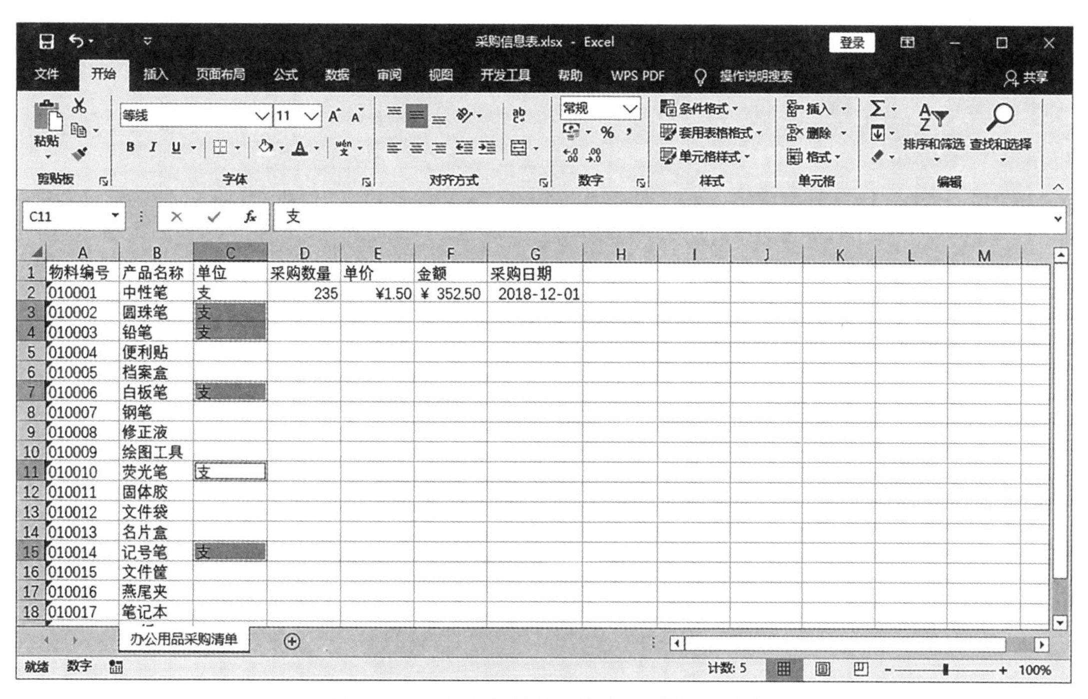

图 3-10 在选中的单元格中同时输入“支”

(4)用户可以使用相同方法输入工作表中的其他数据,见图 3-11。

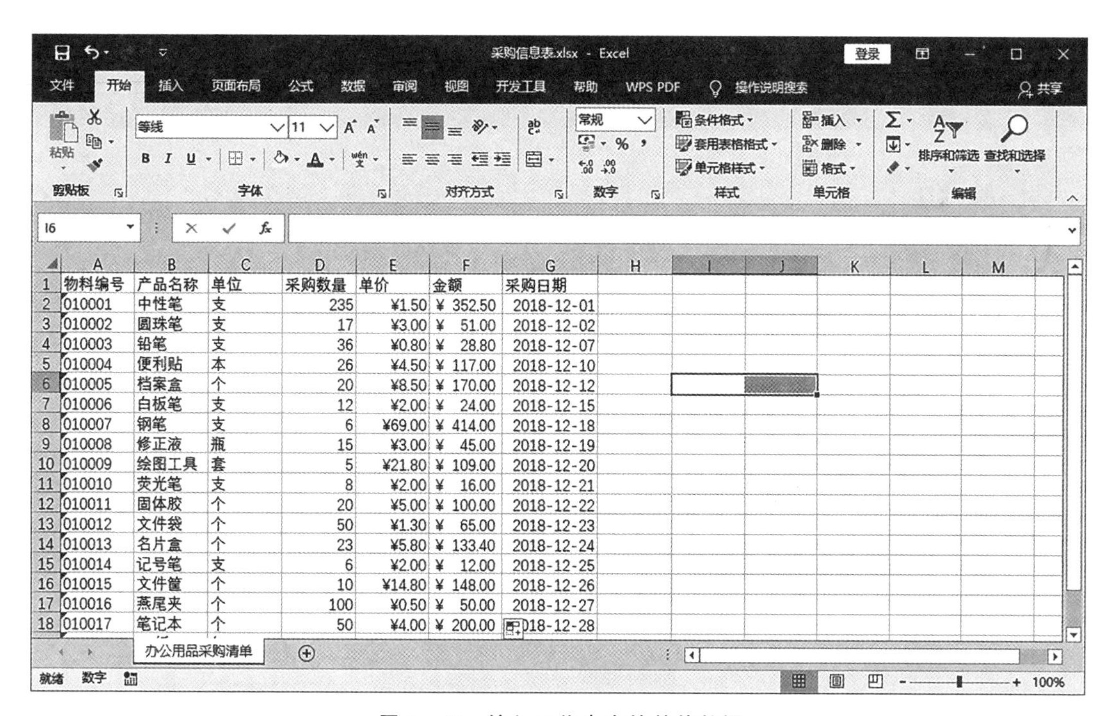

图 3-11 输入工作表中的其他数据

三、编辑表格

(1)选中列标题所在的单元格区域 A1:G1,切换到“开始”选项卡,在“字体”组中的“字体”下拉列表中选择一种合适的字体,例如选择“微软雅黑”选项,见图 3-12。

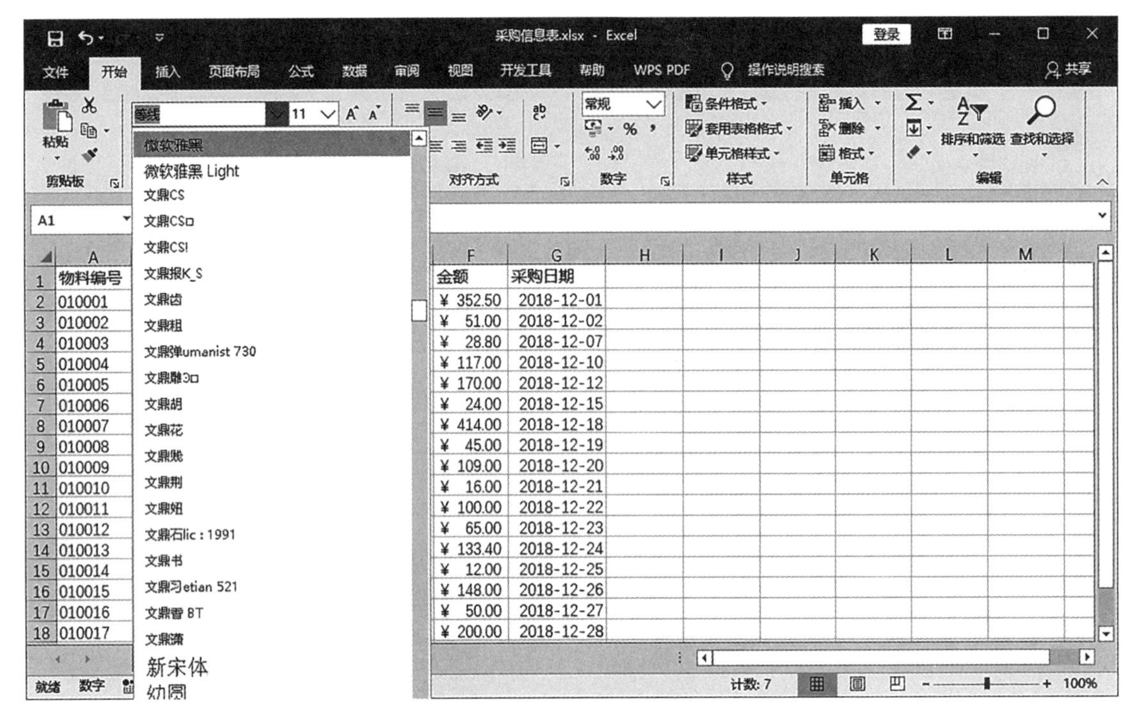

图 3-12　设置表格字体

(2)在“字号”下拉列表中选择一个合适的字号，例如选择“14”选项，见图 3-13。

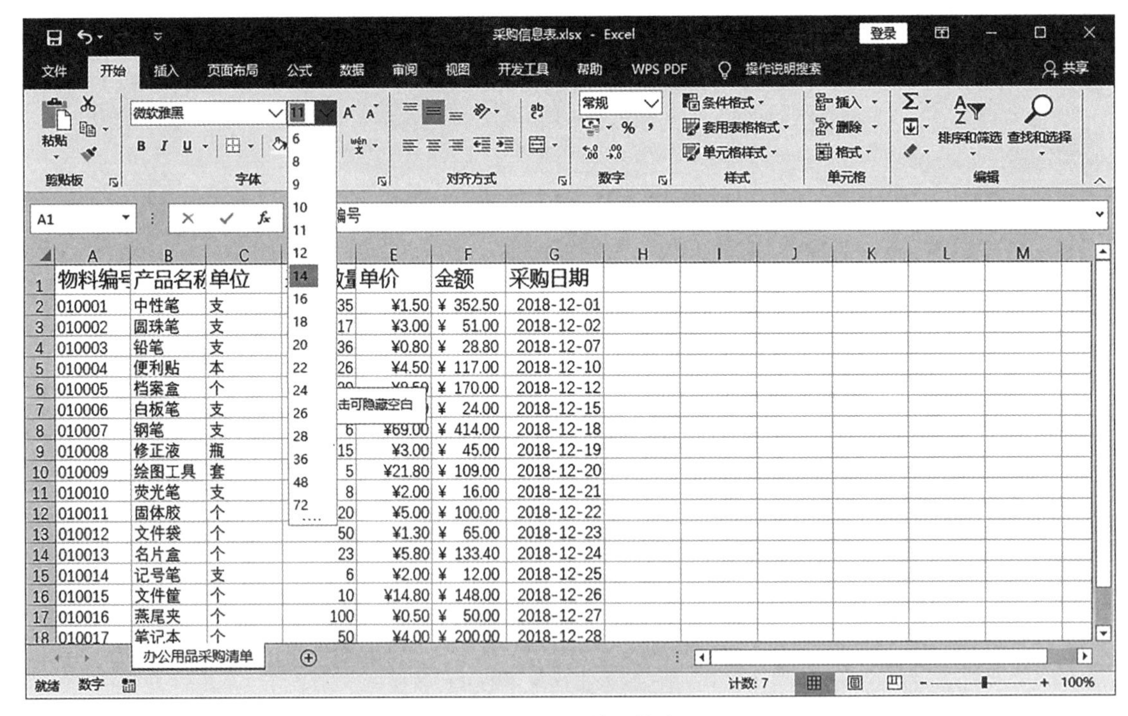

图 3-13　设置单元格字号

(3)单击“加粗”按钮，使标题文本加粗显示，见图 3-14。

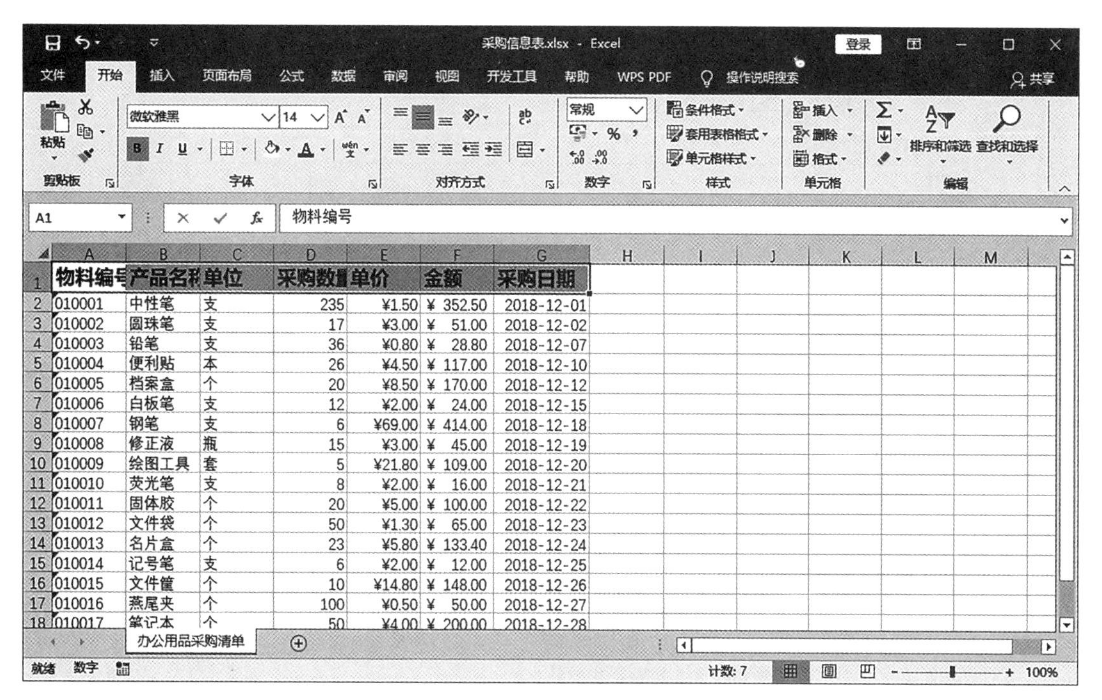

图 3-14 字体加粗

(4)选中标题以外的数据区域,单击“字体”组右下角的“字体设置”按钮,见图 3-15。

图 3-15 选中标题以外的数据区域

(5)弹出“设置单元格格式”对话框,切换到“字体”选项卡,在“字体”列表框中选择“宋体”选项,在“字号”列表框中选择 “12”选项,见图 3-16。

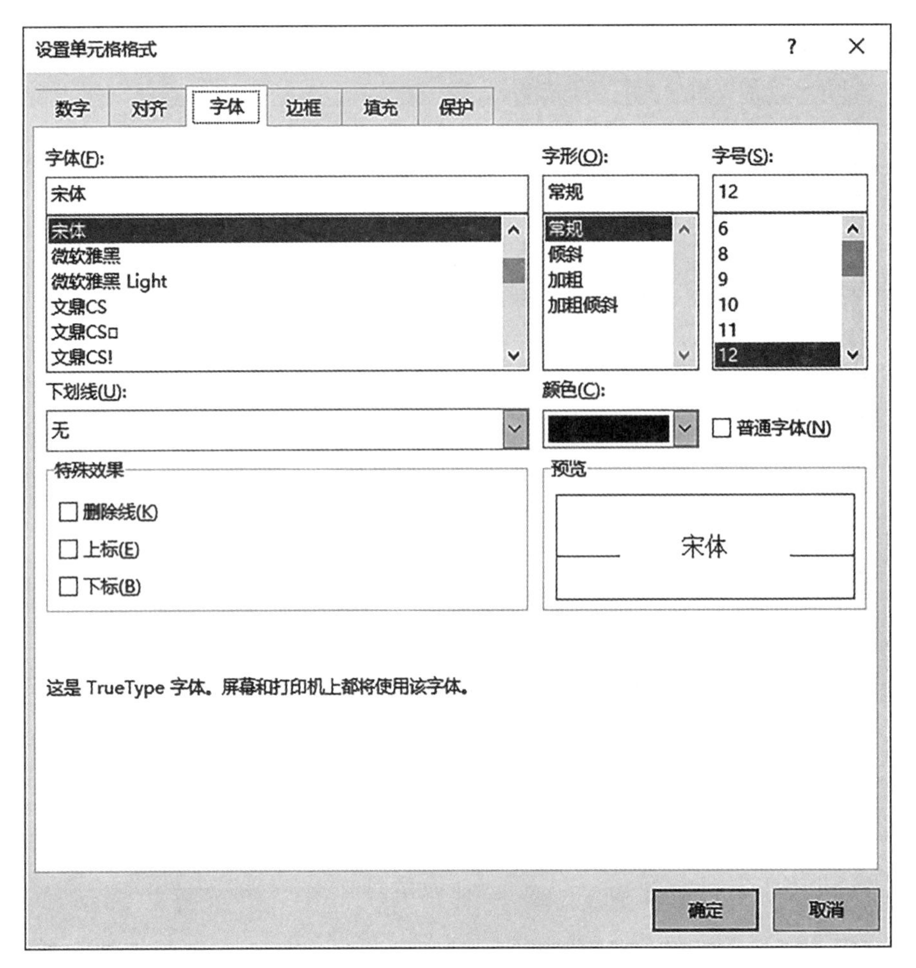

图 3-16 设置字体、字号

(6)设置完毕后,单击“确定”按钮,返回工作表,效果见图 3-17。

图 3-17 设置字体、字号的效果

(7)单击工作表中编辑区域左上角的小三角，选中整个工作表，在行号上右击，在弹出的快捷菜单中选择“行高”选项，见图 3-18。

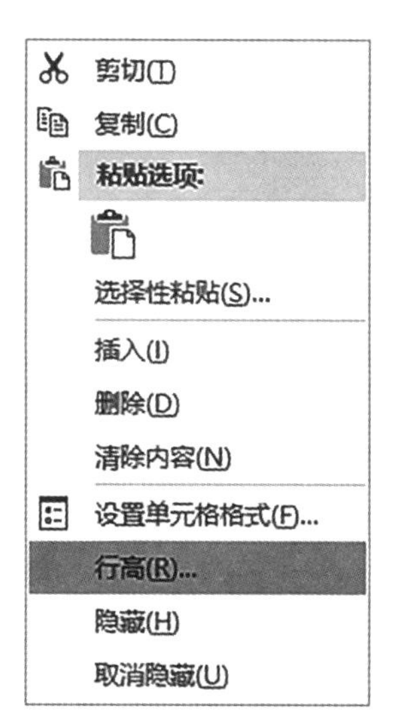

图 3-18 设置表格行高

(8)弹出“行高”对话框，在“行高”文本框中输入合适的行高值，此处设置行高为 24 磅，见图 3-19。

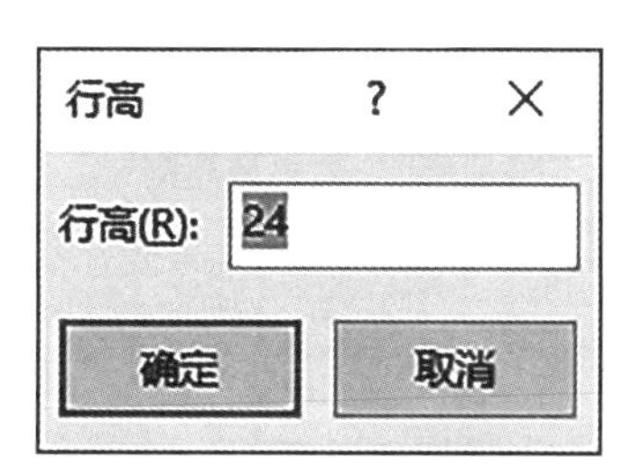

图 3-19 设置行高

(9)单击“确定”按钮，效果见图 3-20。

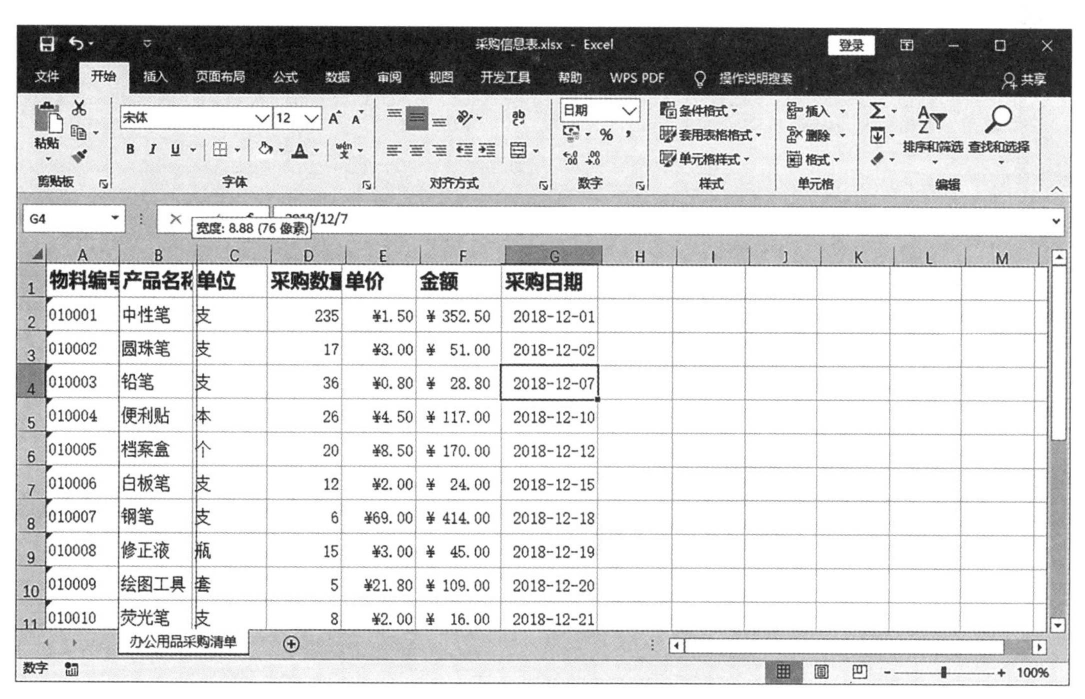

物料编号	产品名称	单位	采购数量	单价	金额	采购日期
010001	中性笔	支	235	¥1.50	¥ 352.50	2018-12-01
010002	圆珠笔	支	17	¥3.00	¥ 51.00	2018-12-02
010003	铅笔	支	36	¥0.80	¥ 28.80	2018-12-07
010004	便利贴	本	26	¥4.50	¥ 117.00	2018-12-10
010005	档案盒	个	20	¥8.50	¥ 170.00	2018-12-12
010006	白板笔	支	12	¥2.00	¥ 24.00	2018-12-15
010007	钢笔	支	6	¥69.00	¥ 414.00	2018-12-18
010008	修正液	瓶	15	¥3.00	¥ 45.00	2018-12-19
010009	绘图工具	套	5	¥21.80	¥ 109.00	2018-12-20
010010	荧光笔	支	8	¥2.00	¥ 16.00	2018-12-21

图 3-20 设置行高后效果

(10)将鼠标指针移动到需要调整列的列号的右侧框线上，鼠标指针变成✚形状，按住鼠标左键不放，左右拖动鼠标，即可调整列宽。在调整过程中，鼠标指针旁边会显示当前列宽的磅值和像素值，见图 3－21。

物料编号	产品名称	单位	采购数量	单价	金额	采购日期
010001	中性笔	支	235	¥1.50	¥ 352.50	2018-12-01
010002	圆珠笔	支	17	¥3.00	¥ 51.00	2018-12-02
010003	铅笔	支	36	¥0.80	¥ 28.80	2018-12-07
010004	便利贴	本	26	¥4.50	¥ 117.00	2018-12-10
010005	档案盒	个	20	¥8.50	¥ 170.00	2018-12-12
010006	白板笔	支	12	¥2.00	¥ 24.00	2018-12-15
010007	钢笔	支	6	¥69.00	¥ 414.00	2018-12-18
010008	修正液	瓶	15	¥3.00	¥ 45.00	2018-12-19
010009	绘图工具	套	5	¥21.80	¥ 109.00	2018-12-20
010010	荧光笔	支	8	¥2.00	¥ 16.00	2018-12-21

图 3－21　调整表格列宽

(11)调整到合适的列宽后，释放鼠标左键即可。可以按照相同的方法，调整其他列的列宽，见图3－22。

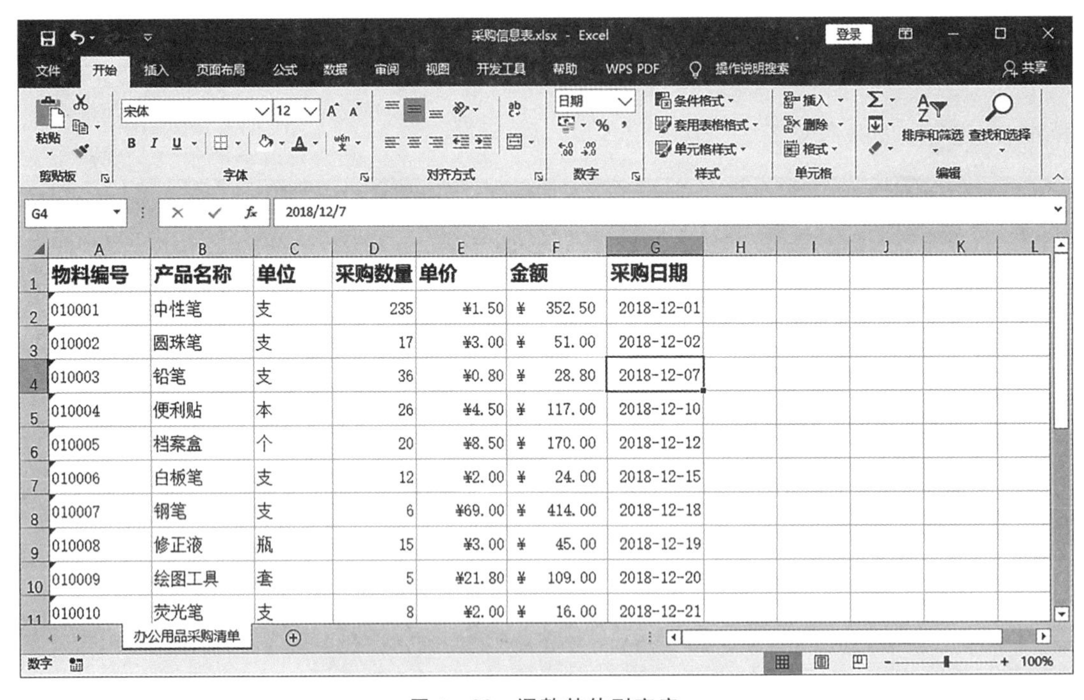

物料编号	产品名称	单位	采购数量	单价	金额	采购日期
010001	中性笔	支	235	¥1.50	¥ 352.50	2018-12-01
010002	圆珠笔	支	17	¥3.00	¥ 51.00	2018-12-02
010003	铅笔	支	36	¥0.80	¥ 28.80	2018-12-07
010004	便利贴	本	26	¥4.50	¥ 117.00	2018-12-10
010005	档案盒	个	20	¥8.50	¥ 170.00	2018-12-12
010006	白板笔	支	12	¥2.00	¥ 24.00	2018-12-15
010007	钢笔	支	6	¥69.00	¥ 414.00	2018-12-18
010008	修正液	瓶	15	¥3.00	¥ 45.00	2018-12-19
010009	绘图工具	套	5	¥21.80	¥ 109.00	2018-12-20
010010	荧光笔	支	8	¥2.00	¥ 16.00	2018-12-21

图 3－22　调整其他列宽度

(12)选中单元格区域 A1:G1，在“对齐方式”组中单击“居中”按钮，即可将选中的标题水平居中对齐，见图 3－23。

图 3-23 设置标题对齐方式

(13)选中"单位"列的数据区域 C2:C20,在"对齐方式"组中单击"居中"按钮,使其水平居中对齐,见图3-24。

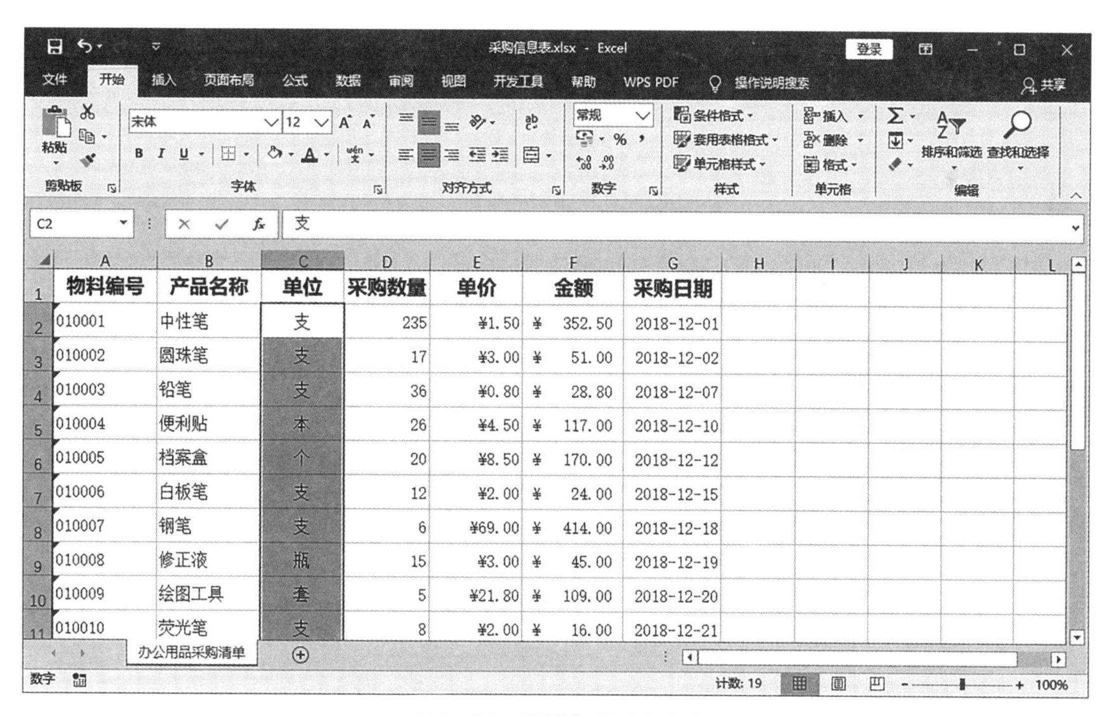

图 3-24 设置内容对齐方式

(14)选中整个工作表,单击"垂直居中"按钮,即可将工作表中的内容垂直居中对齐,见图 3-25。

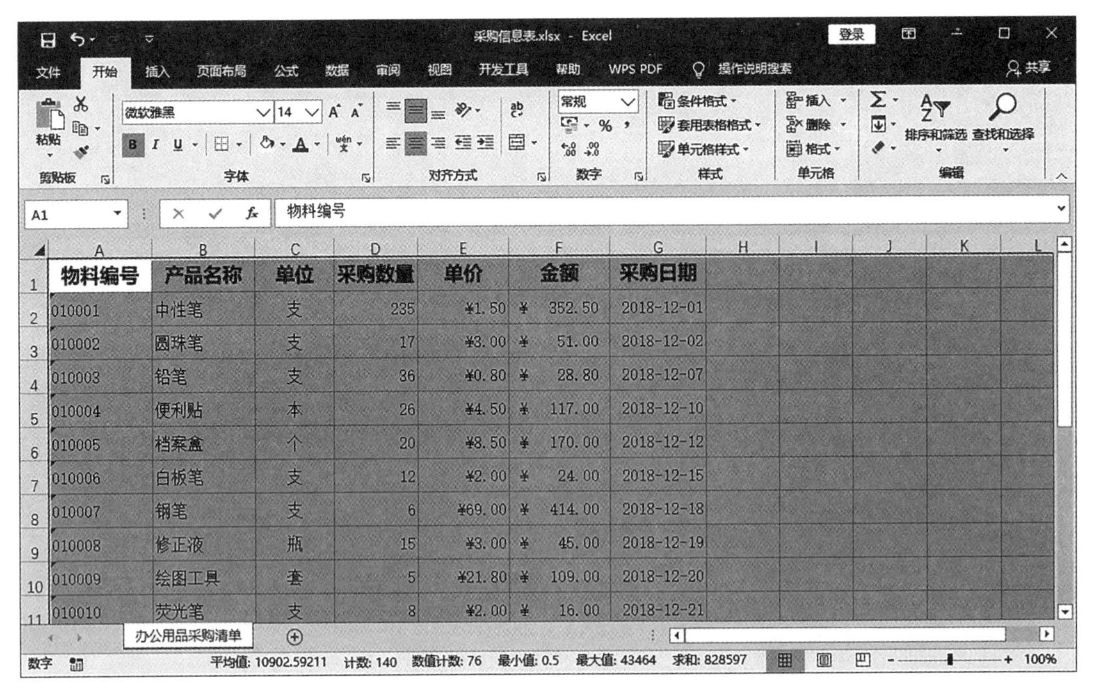

图 3-25 设置工作表内容垂直居中

四、设置边框和底纹

(1)选中单元格区域 A1:G1,切换到“开始”选项卡,单击“对齐方式”组右下角的“对齐设置”按钮,见图3-26。

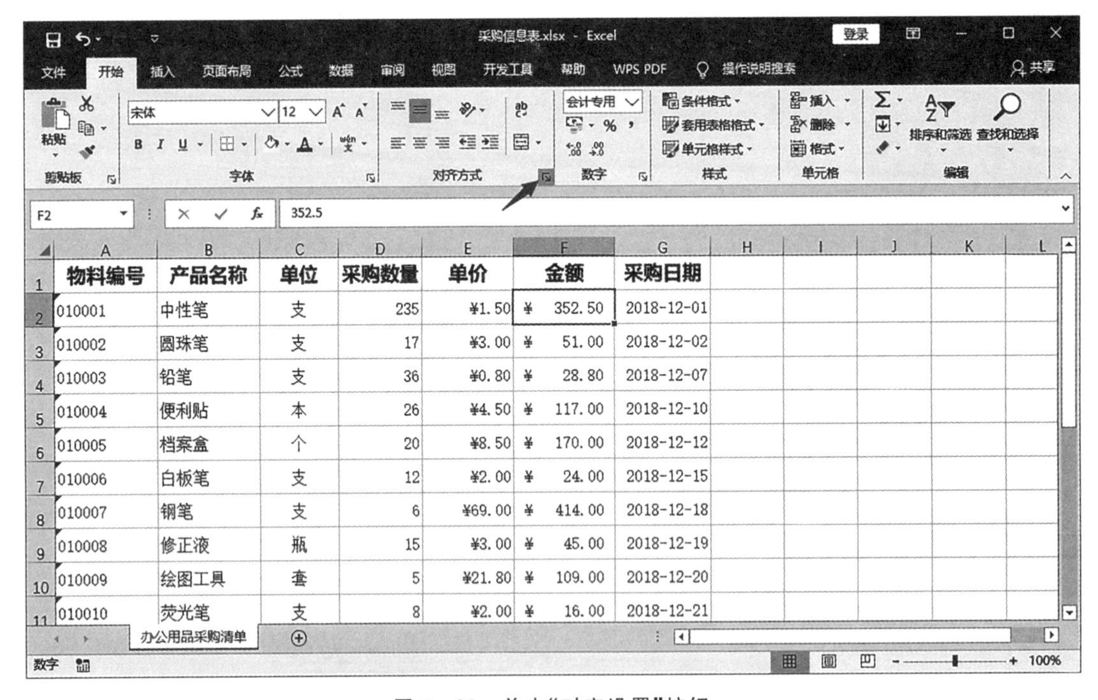

图 3-26 单击“对齐设置”按钮

(2)弹出“设置单元格格式”对话框后,切换到“边框”选项卡,在“样式”列表框中选择“双实线”选项,然后依次单击“边框”组合框中的“上框线”按钮和“下框线”按钮,见图 3-27。

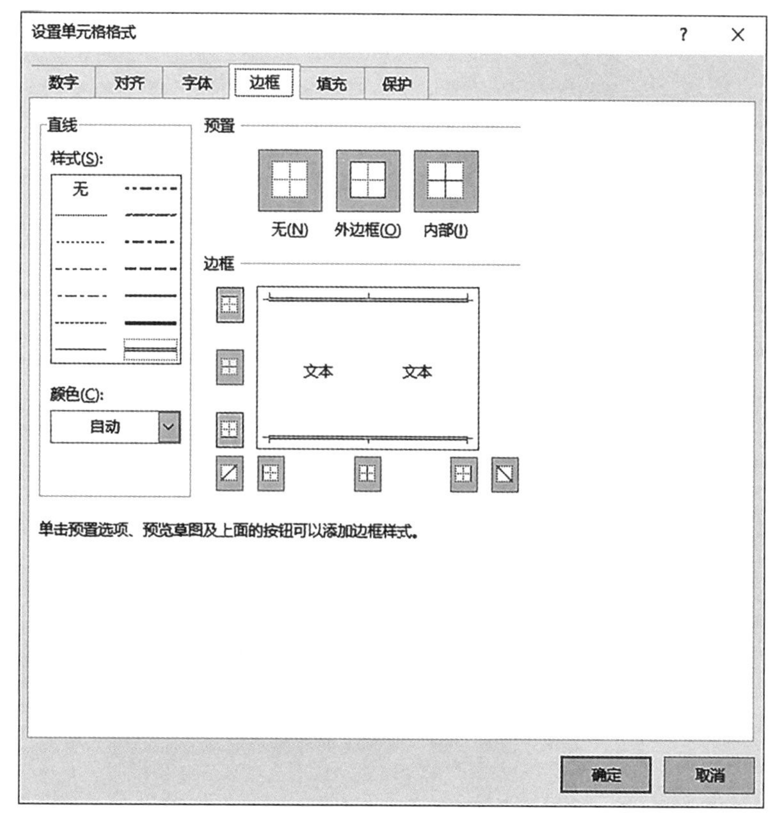

图 3－27　设置边框

(3)在“样式”列表框中选择“单实线” 选项,单击“边框”组合框中的“中间竖框线”按钮,见图 3－28。

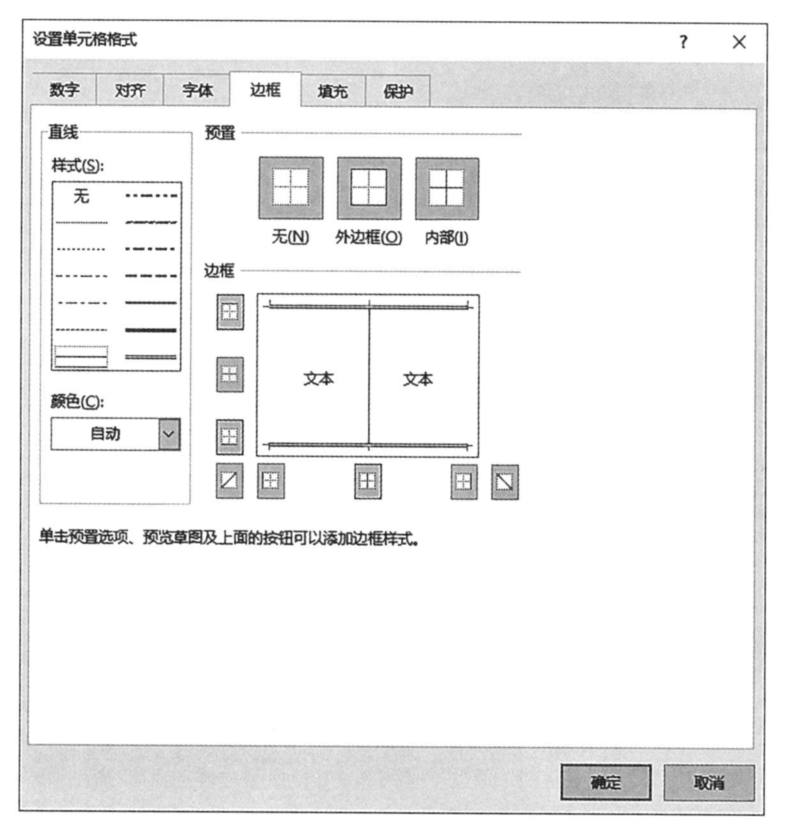

图 3－28　设置边框样式

(4)设置完毕,单击“确定”按钮,返回工作表,效果见图 3-29。

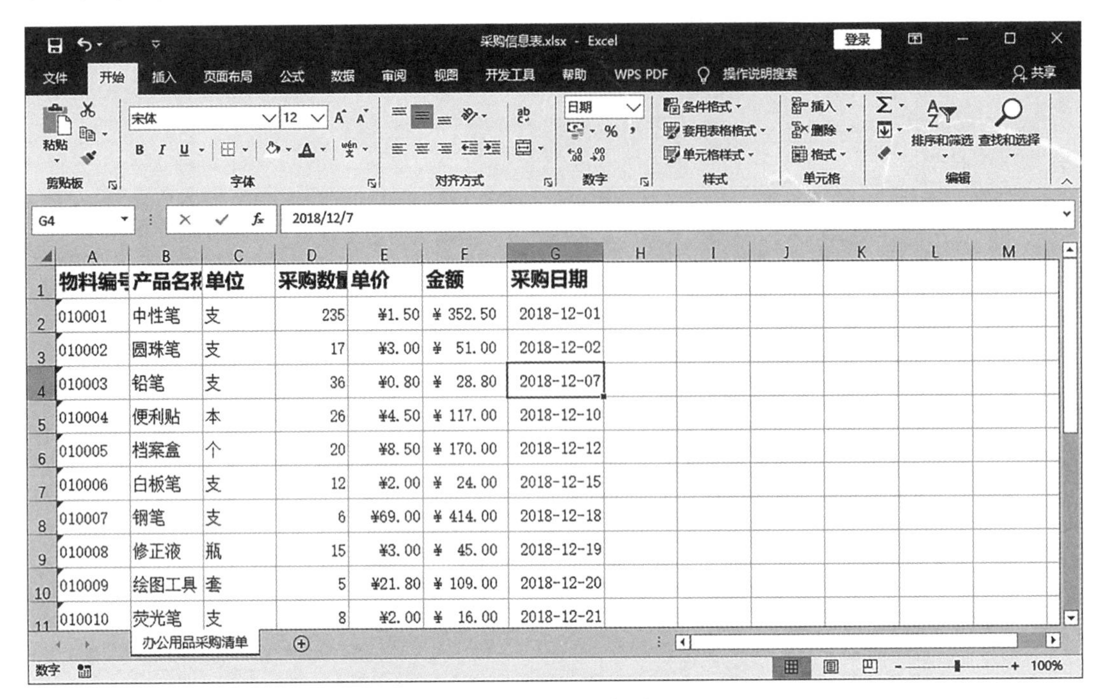

图 3-29　设置边框效果

(5)选中标题以外的所有数据区域 A2:G20,右击,在弹出的快捷菜单中选择“设置单元格格式”选项,见图 3-30。

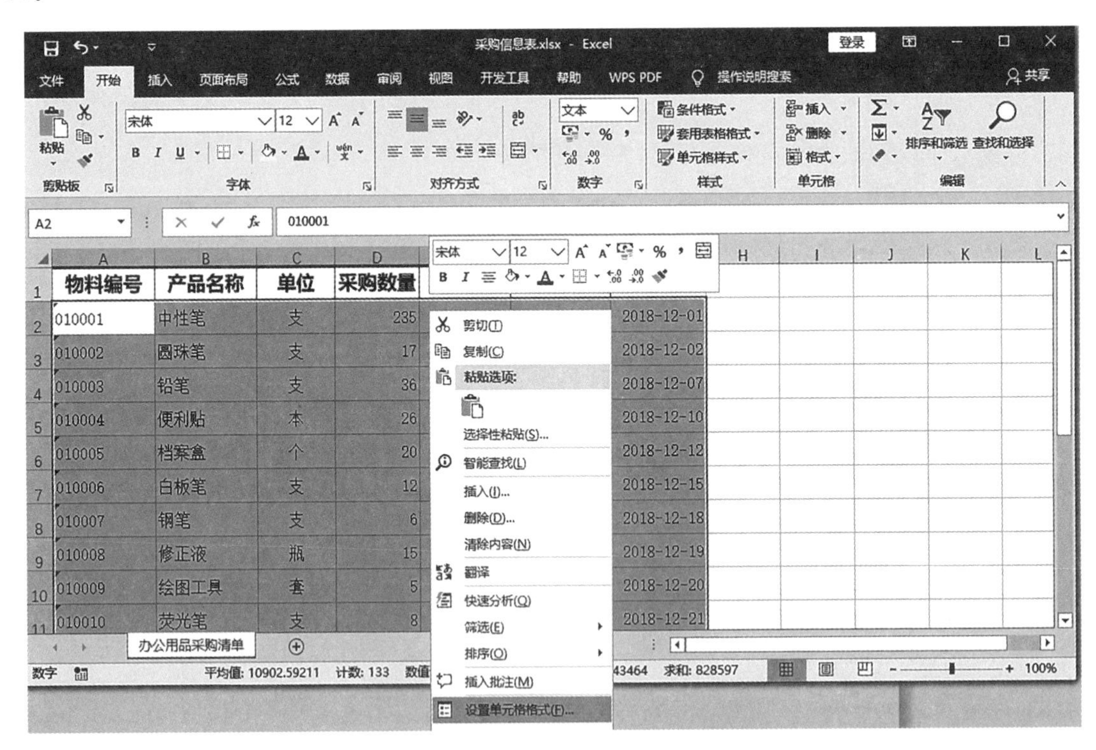

图 3-30　选择“设置单元格格式”选项

(6)弹出“设置单元格格式”对话框,切换到“边框”选项卡后,在“样式”列表框中选择“单实线”选项,在“颜色”下拉列表中选择“白色,背景 1,深色 25%”选项,依次单击“边框”组合框中的“中间横框线”按钮、“下框线”按钮和“中间竖框线”按钮,见图 3-31。

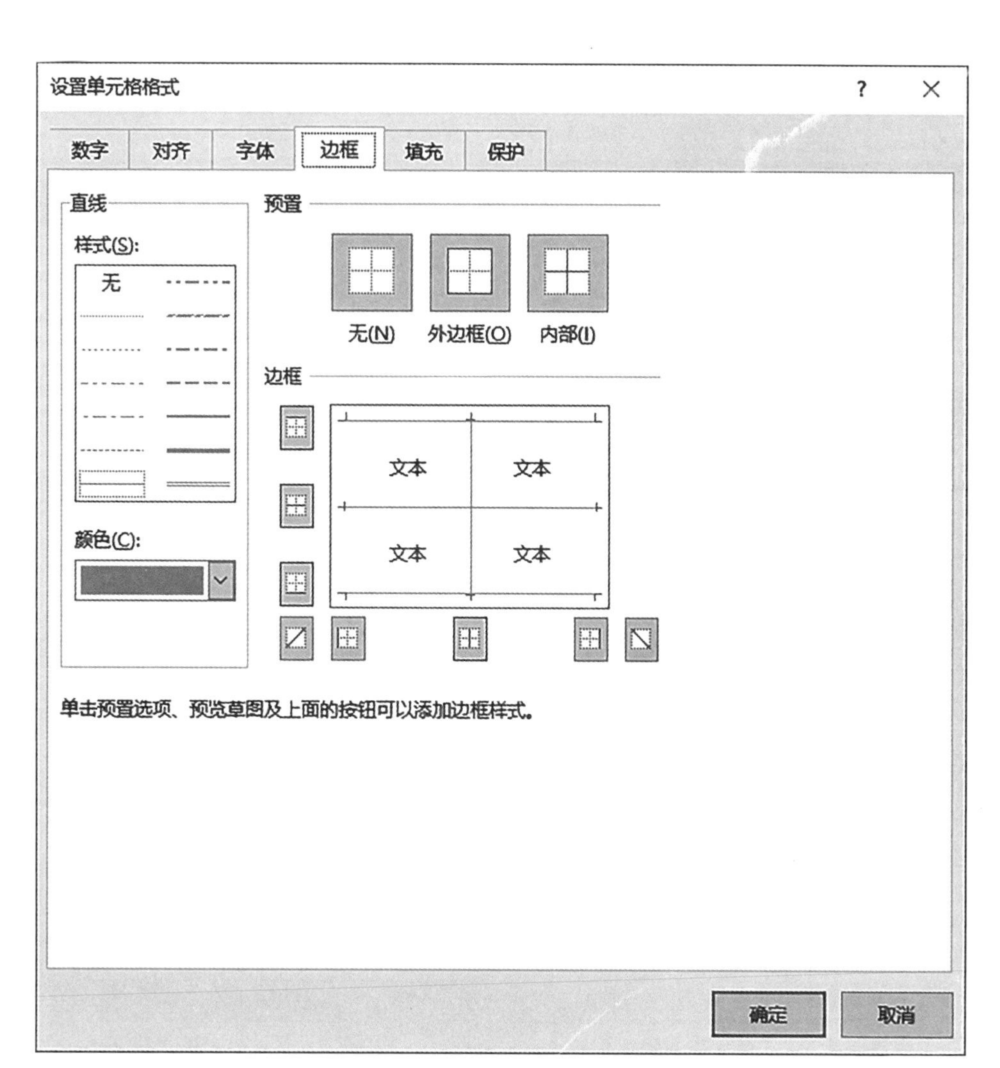

图 3－31　设置单元格的“样式”“颜色”“边框”

(7)设置完毕,单击“确定”按钮,返回工作表,效果见图 3－32。

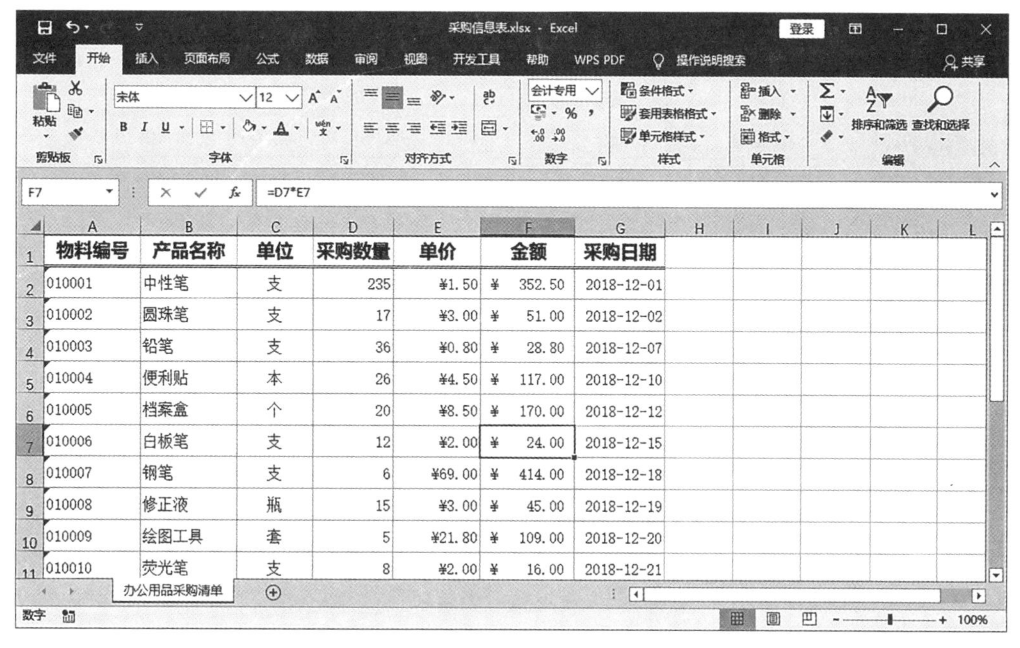

物料编号	产品名称	单位	采购数量	单价	金额	采购日期
010001	中性笔	支	235	¥1.50	¥ 352.50	2018-12-01
010002	圆珠笔	支	17	¥3.00	¥ 51.00	2018-12-02
010003	铅笔	支	36	¥0.80	¥ 28.80	2018-12-07
010004	便利贴	本	26	¥4.50	¥ 117.00	2018-12-10
010005	档案盒	个	20	¥8.50	¥ 170.00	2018-12-12
010006	白板笔	支	12	¥2.00	¥ 24.00	2018-12-15
010007	钢笔	支	6	¥69.00	¥ 414.00	2018-12-18
010008	修正液	瓶	15	¥3.00	¥ 45.00	2018-12-19
010009	绘图工具	套	5	¥21.80	¥ 109.00	2018-12-20
010010	荧光笔	支	8	¥2.00	¥ 16.00	2018-12-21

图 3－32　设置完成后的工作表效果

(8)选中单元格区域 A1:G1,在“字体”组中单击“填充颜色”按钮右侧的下三角按钮,在弹出的下拉颜色库中选择一种合适的颜色,例如选择“白色,背景 1,深色 15%”选项,见图 3-33。

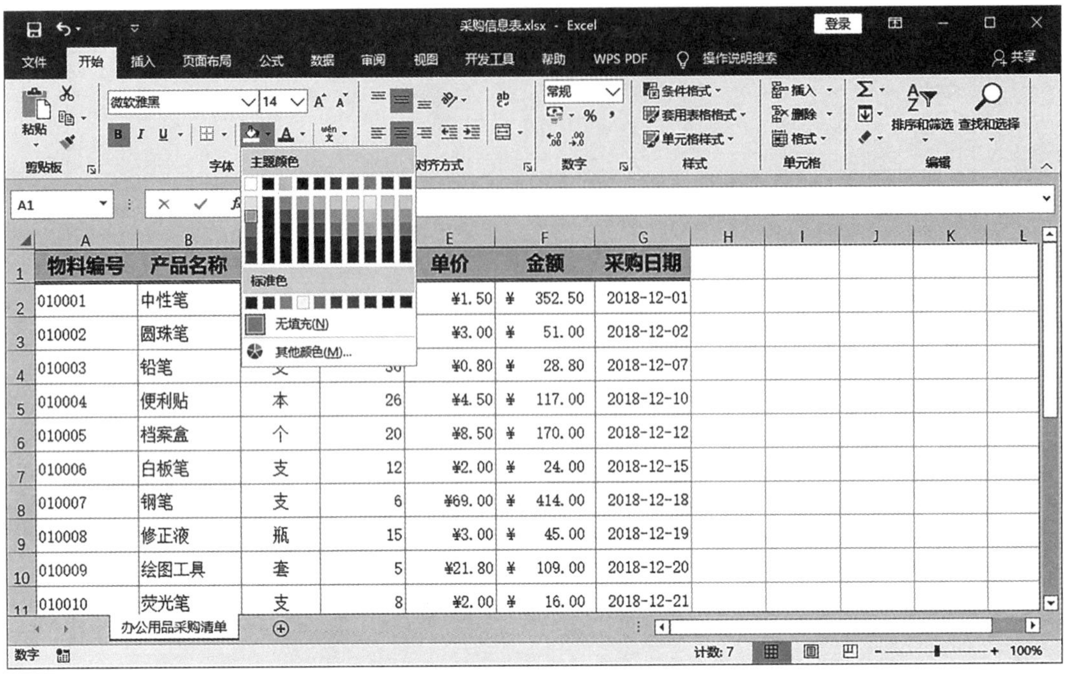

图 3-33 设置填充颜色

(9)设置单元格格式的最终效果见图 3-34。

物料编号	产品名称	单位	采购数量	单价	金额	采购日期
010001	中性笔	支	235	¥1.50	¥ 352.50	2018-12-01
010002	圆珠笔	支	17	¥3.00	¥ 51.00	2018-12-02
010003	铅笔	支	36	¥0.80	¥ 28.80	2018-12-07
010004	便利贴	本	26	¥4.50	¥ 117.00	2018-12-10
010005	档案盒	个	20	¥8.50	¥ 170.00	2018-12-12
010006	白板笔	支	12	¥2.00	¥ 24.00	2018-12-15
010007	钢笔	支	6	¥69.00	¥ 414.00	2018-12-18
010008	修正液	瓶	15	¥3.00	¥ 45.00	2018-12-19
010009	绘图工具	套	5	¥21.80	¥ 109.00	2018-12-20
010010	荧光笔	支	8	¥2.00	¥ 16.00	2018-12-21
010011	固体胶	个	20	¥5.00	¥ 100.00	2018-12-22
010012	文件袋	个	50	¥1.30	¥ 65.00	2018-12-23
010013	名片盒	个	23	¥5.80	¥ 133.40	2018-12-24
010014	记号笔	支	6	¥2.00	¥ 12.00	2018-12-25
010015	文件筐	个	10	¥14.80	¥ 148.00	2018-12-26
010016	燕尾夹	个	100	¥0.50	¥ 50.00	2018-12-27
010017	笔记本	个	50	¥4.00	¥ 200.00	2018-12-28
010018	A4纸	包	21.9	¥5.00	¥ 109.50	2018-12-29
010019	不干胶标贴	包	9.8	¥2.00	¥ 19.60	2018-12-30

图 3-34 设置单元格格式的最终效果

实训扩展

某饮料公司根据5月的产品销售量，要统计出6月的生产量，已知生产量为销售量的2倍，做一张6月的生产计划表，要求如下：新建表格，在表格中输入5月产品的销售量；根据表格内容调整行高和列宽；设置表格格式，给表格添加边框和底纹；给表格添加表头，合并单元格，并设置标题文本的字体；利用函数求出6月的生产量，用填充按钮填充其他产品的生产量。

实训二 企业运动会排名表

实训引入

秋天到了，汇思达公司为了增加员工的凝聚力，举办了小型的秋季运动会，大家都跃跃欲试，准备在运动会上大展拳脚，后勤部的小刘同学接到了一个任务——记录运动会上各个项目的成绩，并统计出各个项目的前三名。

操作步骤

一、新建企业运动会排名表

(1)新建一个 Excel 工作簿，并将该文档命名为“企业运动会排名表”，在工作簿里建立名为“男子一百米排名表”的工作表，见图 3-35。

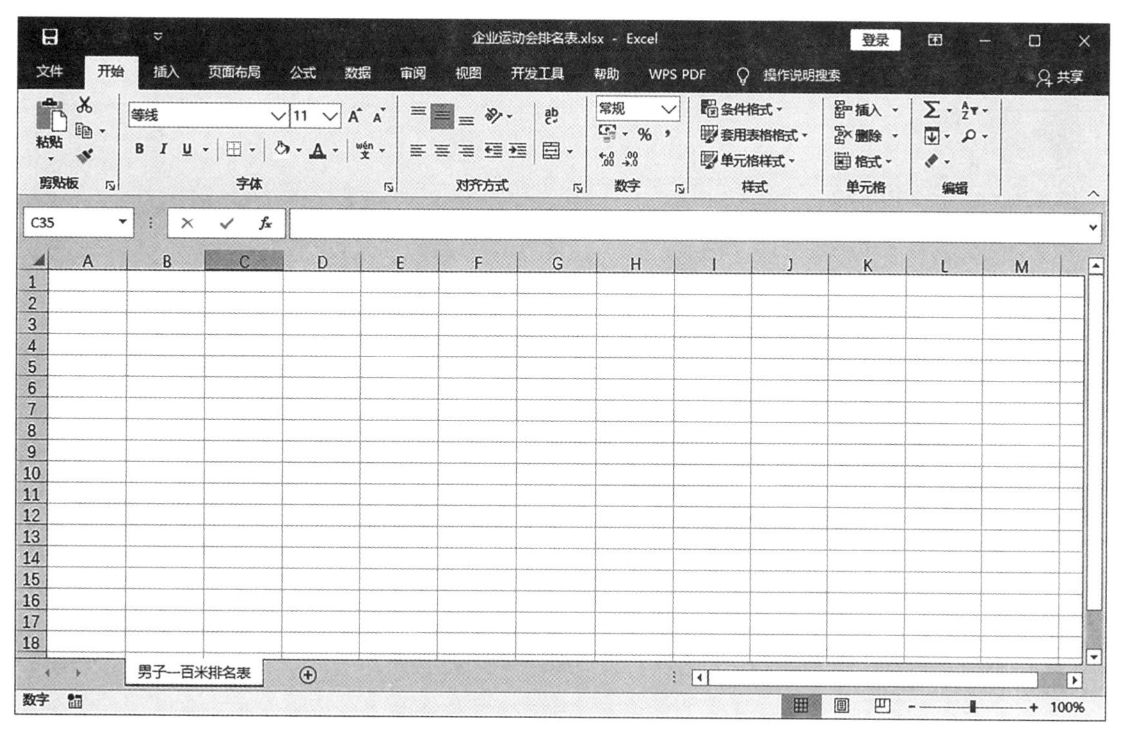

图 3-35 新建企业运动会排名表

(2)在男子一百米排名表中记录参赛队员的姓名、号码、所在部门和成绩，见图 3-36。

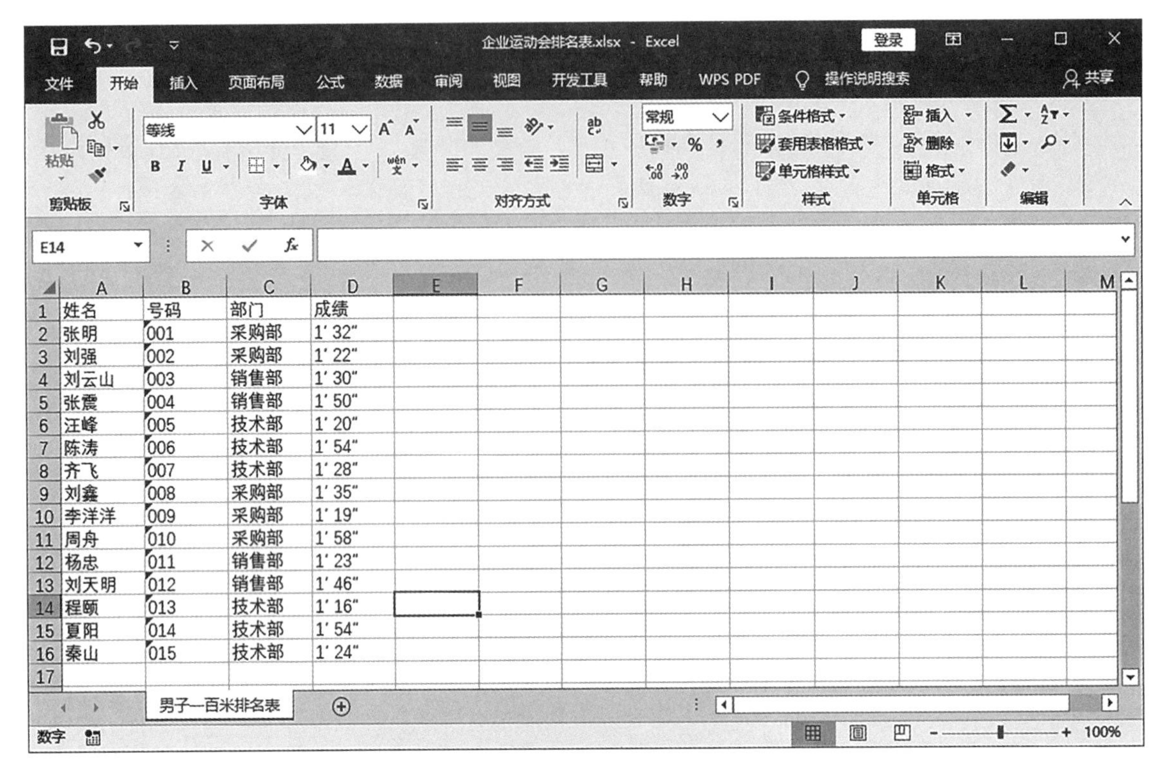

图 3-36　输入参赛队员信息

二、对成绩进行排序、筛选

(1)单击菜单栏上的“数据”选项卡下的“排序”按钮,出现排序对话框,见图 3-37。

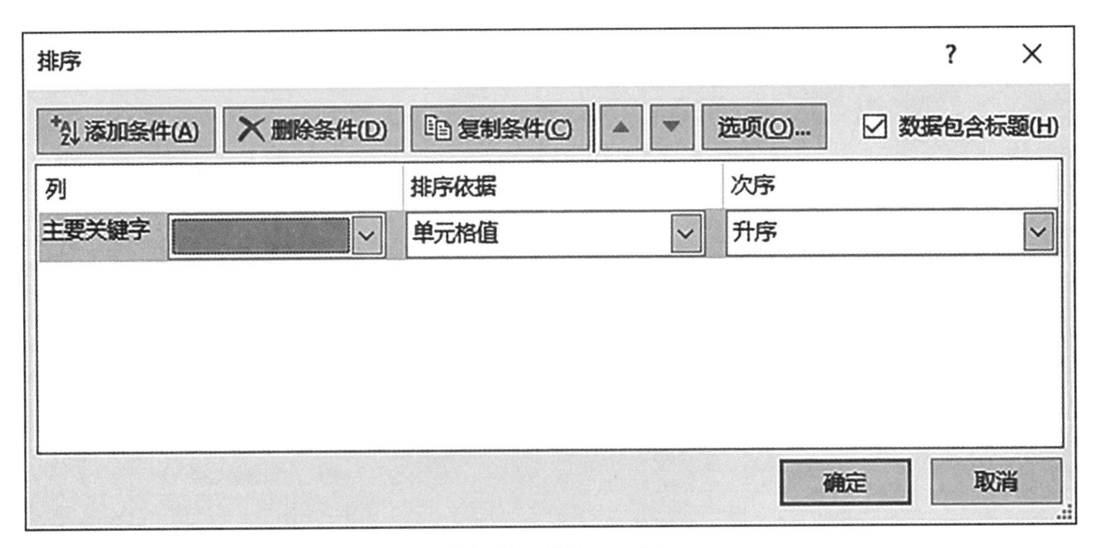

图 3-37　排序对话框

(2)在对话框中“列”→“主要关键字”的下拉菜单里选择“成绩”;在“排序依据”下拉菜单里选中“单元格值”;在“次序”下拉菜单里选择“升序”,见图 3-38。

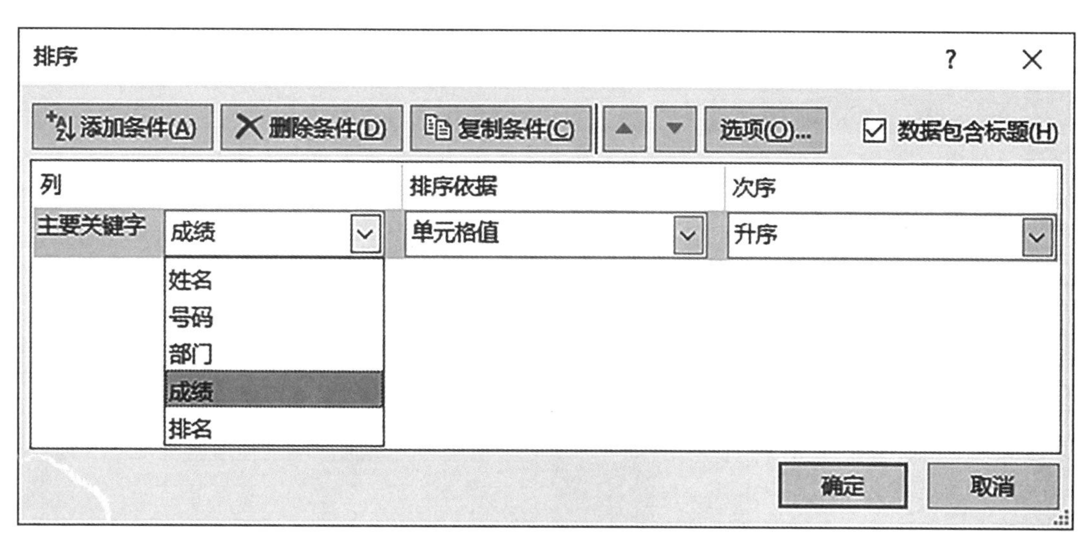

图 3－38 设置排序内容

(3)单击“确定”按钮后，效果见图 3－39。

	A	B	C	D	E
1	姓名	号码	部门	成绩	排名
2	程颐	013	技术部	1′16″	
3	李洋洋	009	采购部	1′19″	
4	汪峰	005	技术部	1′20″	
5	刘强	002	采购部	1′22″	
6	杨忠	011	销售部	1′23″	
7	秦山	015	技术部	1′24″	
8	齐飞	007	技术部	1′28″	
9	刘云山	003	销售部	1′30″	
10	张明	001	采购部	1′32″	
11	刘鑫	008	采购部	1′35″	
12	刘天明	012	销售部	1′46″	
13	张震	004	销售部	1′50″	
14	陈涛	006	技术部	1′54″	
15	夏阳	014	技术部	1′54″	
16	周舟	010	采购部	1′58″	
17					

图 3－39 成绩排序效果

(4)在 E2 单元中添加数字“1”，在 E3 单元格添加数字“2”，选中 E2、E3 单元格，将光标指向单元格填充柄，当光标变成✚光标时，点击鼠标左键并向下拖动填充柄至 E16 单元格，表格数据将按序列自动填充，效果见图 3－40。

图 3-40　表格数据按序列自动填充效果

(5)单击菜单栏“数据”选项卡下的“筛选”按钮,效果见图 3-41。

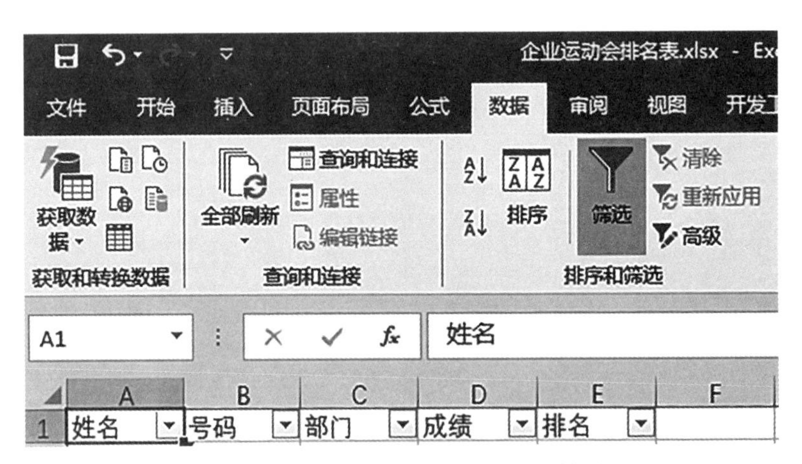

图 3-41　单击“数据”选项卡下的“筛选”按钮

(6)单击部门右侧的按钮,弹出“筛选”对话框,见图 3-42。

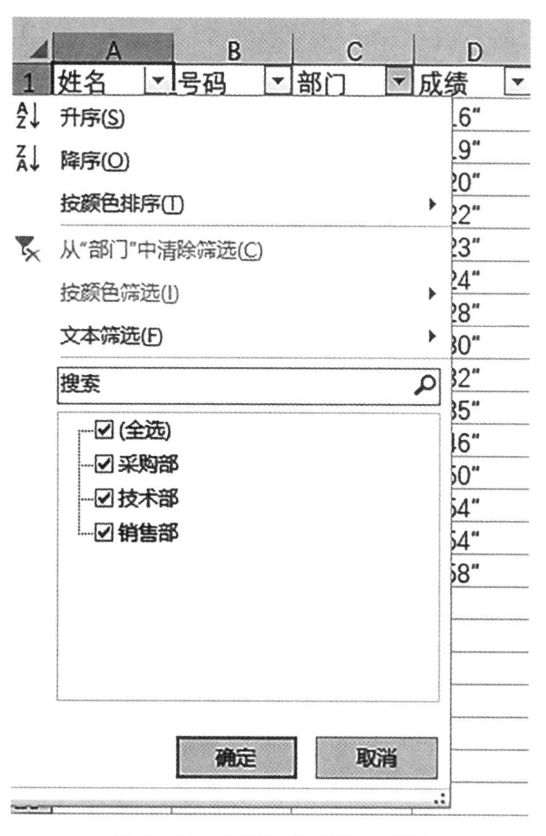

图 3－42 部门下的筛选对话框

(7)选择"采购部",见图 3－43,单击"确定",就可以只看采购部的男子一百米成绩了,效果见图3－44。

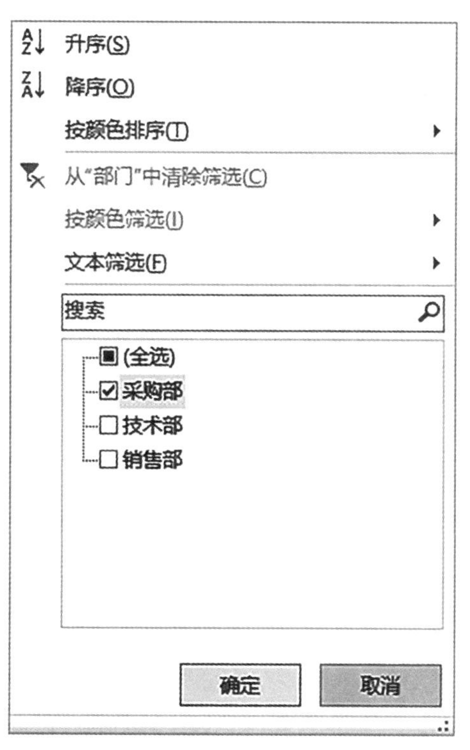

图 3－43 在部门下选择"采购部"

图 3-44　选择“采购部”效果

(8)单击菜单栏上的“开始”选项卡下“填充颜色”的下拉按钮，出现下拉菜单，见图 3-45，选择黄色后的效果，见图 3-46。

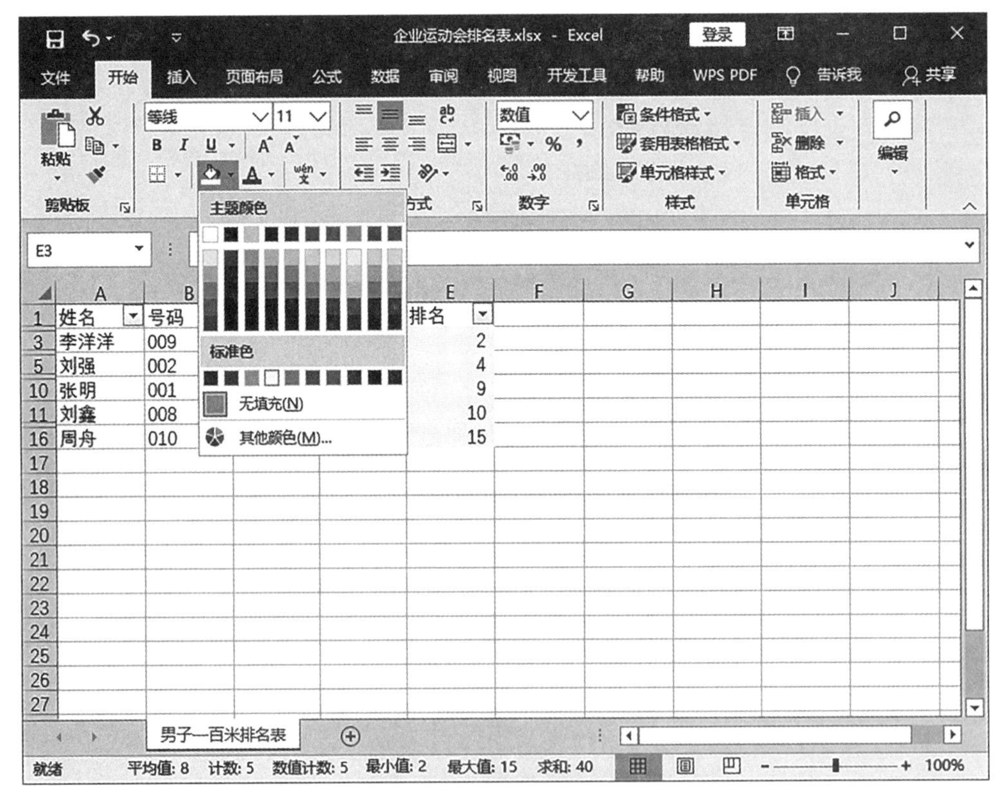

图 3-45　设置背景填充颜色

1	姓名	号码	部门	成绩	排名
3	李洋洋	009	采购部	1′19″	2
5	刘强	002	采购部	1′22″	4
10	张明	001	采购部	1′32″	9
11	刘鑫	008	采购部	1′35″	10
16	周舟	010	采购部	1′58″	15
17					

图 3-46　填充背景效果 1

(9)利用上面的方法,可筛选出技术部、销售部的员工比赛成绩,分别给技术部和销售部填充上红色和绿色背景,见图 3-47 和图 3-48。当筛选对话框中的"全部"后,效果见图 3-49。

1	姓名	号码	部门	成绩	排名
2	程颐	013	技术部	1′16″	1
4	汪峰	005	技术部	1′20″	3
7	秦山	015	技术部	1′24″	6
8	齐飞	007	技术部	1′28″	7
14	陈涛	006	技术部	1′54″	13
15	夏阳	014	技术部	1′54″	14

图 3-47　填充背景效果 2

1	姓名	号码	部门	成绩	排名
6	杨忠	011	销售部	1′23″	5
9	刘云山	003	销售部	1′30″	8
12	刘天明	012	销售部	1′46″	11
13	张震	004	销售部	1′50″	12
17					

图 3-48　填充背景效果 3

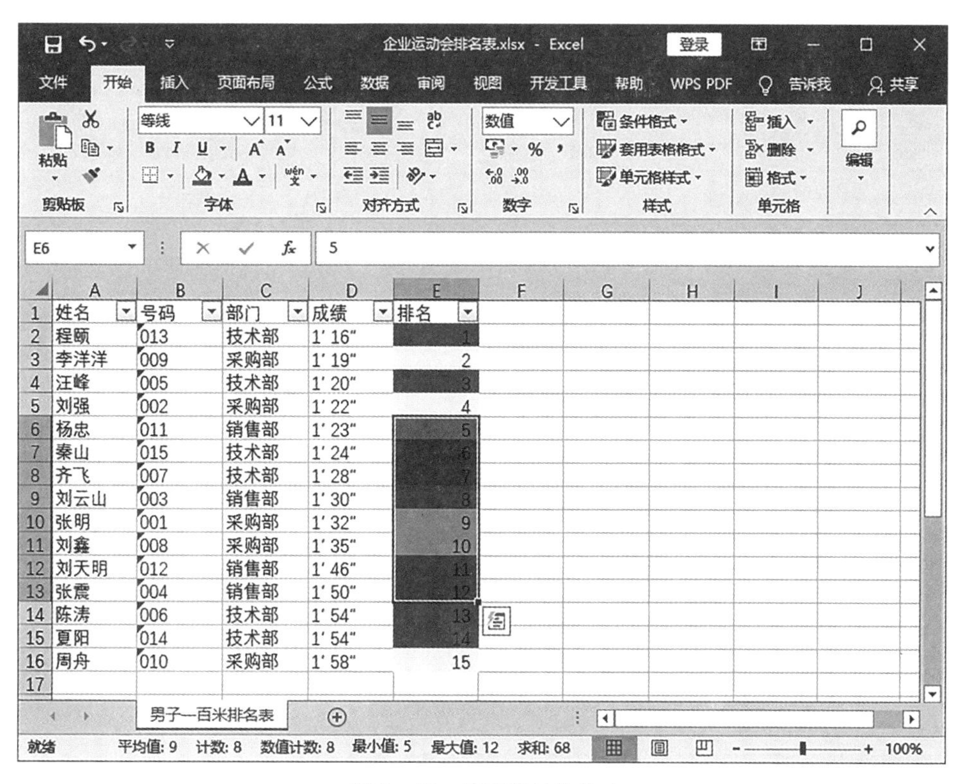

	A	B	C	D	E
1	姓名	号码	部门	成绩	排名
2	程颐	013	技术部	1′16″	1
3	李洋洋	009	采购部	1′19″	2
4	汪峰	005	技术部	1′20″	3
5	刘强	002	采购部	1′22″	4
6	杨忠	011	销售部	1′23″	5
7	秦山	015	技术部	1′24″	6
8	齐飞	007	技术部	1′28″	7
9	刘云山	003	销售部	1′30″	8
10	张明	001	采购部	1′32″	9
11	刘鑫	008	采购部	1′35″	10
12	刘天明	012	销售部	1′46″	11
13	张震	004	销售部	1′50″	12
14	陈涛	006	技术部	1′54″	13
15	夏阳	014	技术部	1′54″	14
16	周舟	010	采购部	1′58″	15
17					

图 3-49　填充背景效果 4

三、添加表头

(1)选中第一行单元格，右击，在下拉菜单中选择“插入”选项，见图 3-50，即可添加一行单元格，见图 3-51。

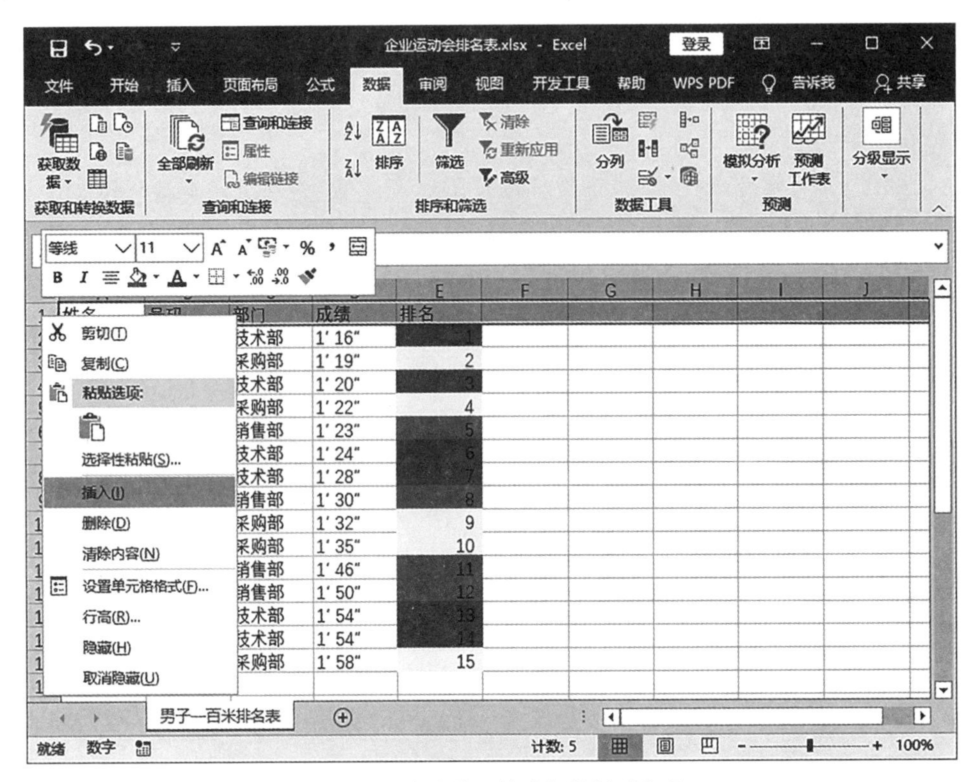

图 3-50　右击单元格选择“插入”选项

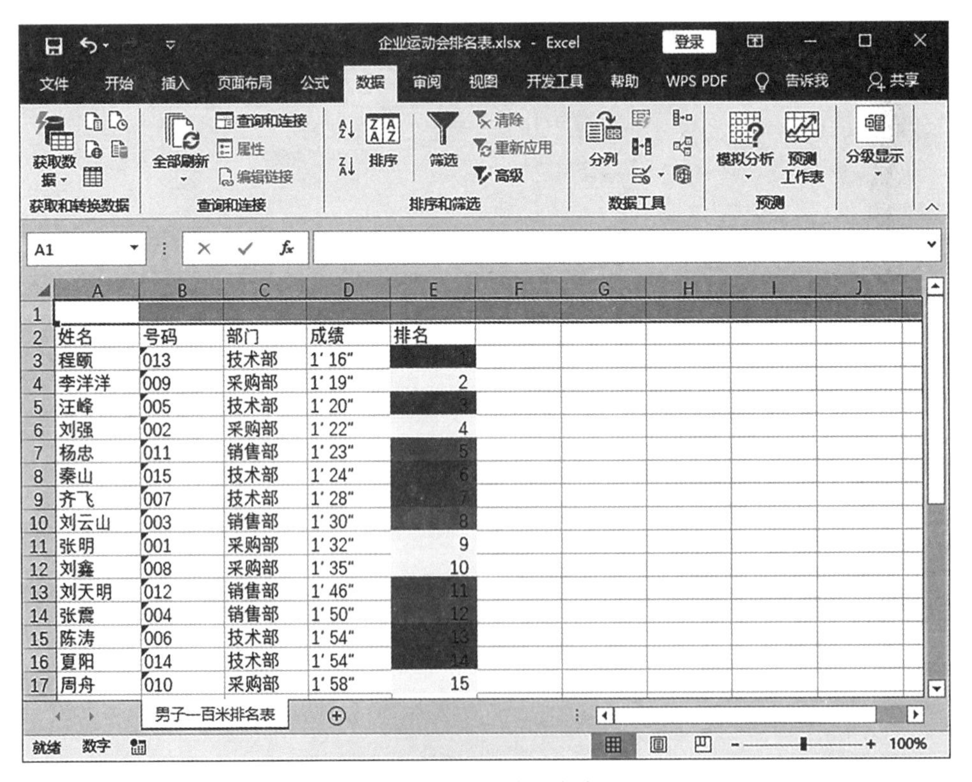

	A	B	C	D	E
1					
2	姓名	号码	部门	成绩	排名
3	程颐	013	技术部	1′16″	1
4	李洋洋	009	采购部	1′19″	2
5	汪峰	005	技术部	1′20″	3
6	刘强	002	采购部	1′22″	4
7	杨忠	011	销售部	1′23″	5
8	秦山	015	技术部	1′24″	6
9	齐飞	007	技术部	1′28″	7
10	刘云山	003	销售部	1′30″	8
11	张明	001	采购部	1′32″	9
12	刘鑫	008	采购部	1′35″	10
13	刘天明	012	销售部	1′46″	11
14	张震	004	销售部	1′50″	12
15	陈涛	006	技术部	1′54″	13
16	夏阳	014	技术部	1′54″	14
17	周舟	010	采购部	1′58″	15

图 3-51　插入单元格效果

(2)在 A1 单元格中添加表头内容,见图 3－52。

	A	B	C	D	E	F
1	男子一百米成绩栏					
2	姓名	号码	部门	成绩	排名	
3	程颐	013	技术部	1′16″	1	

图 3－52 添加表头内容

四、美化表格

(1)设置表头格式。选中 A1～E1 单元格,右击,在弹出的快捷菜单中选择“设置单元格格式”,在“对齐”选项卡中选择“文本对齐方式”→“水平对齐”→“居中”,“文本对齐方式”→“垂直对齐”→“居中”,以及“文本控制”→“合并单元格”,见图 3－53。单击“确定”按钮,效果见图 3－54。

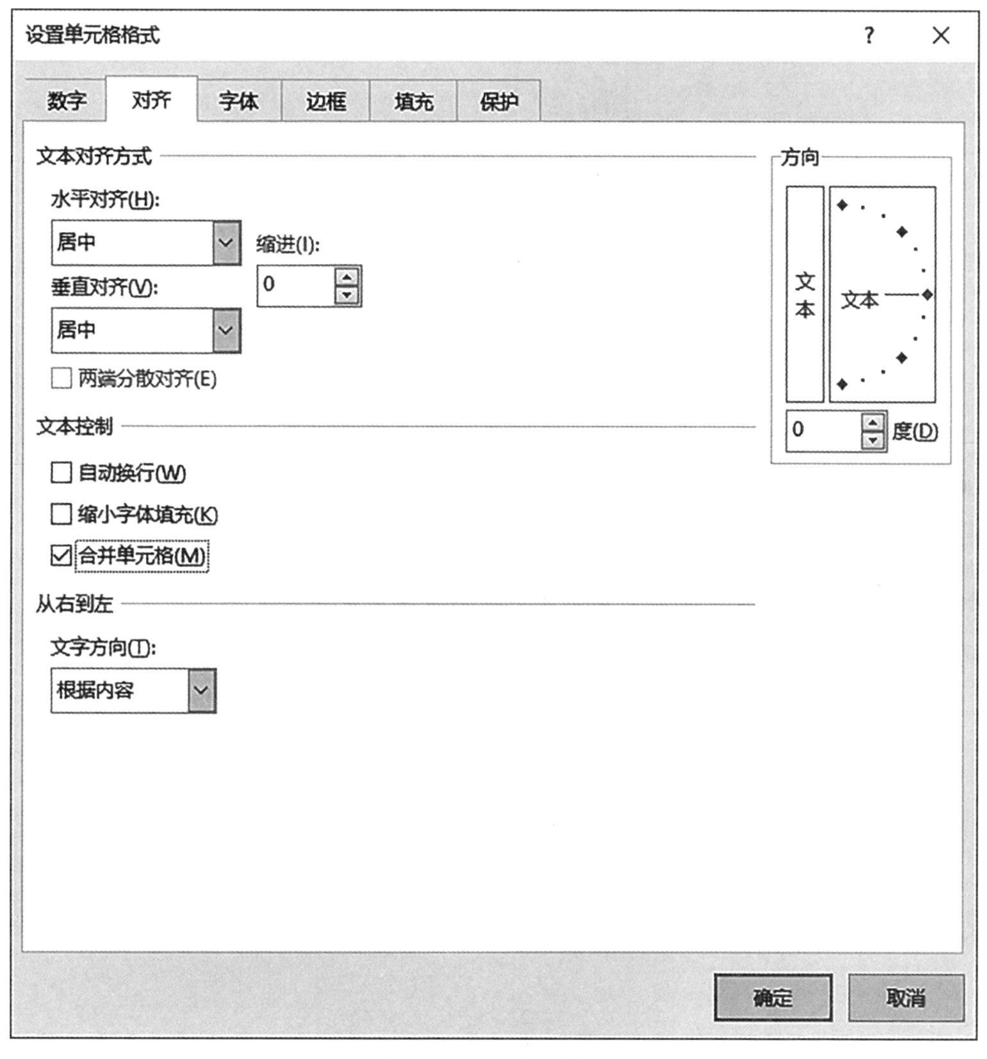

图 3－53 设置表头格式

	A	B	C	D	E	F
1	男子一百米成绩栏					
2	姓名	号码	部门	成绩	排名	
3	程颐	013	技术部	1′16″	1	

图 3－54 合并表头单元格效果

(2)设置表头行高。选中第一行,单击右键,出现下拉菜单,见图3-55,选择“行高”,弹出对话框,在“行高”后面的框中输入25,见图3-56。设置行高的效果见图3-57。

(3)设置整个表格的格式。选中整个表格,在“开始”选项卡下“对齐方式”组中,选择“居中对齐”按钮,设置整个表格的对齐方式为“居中对齐”。选中表格,右击选择“设置单元格格式”按钮,在“边框”对话框中给表格设置内、外边框,效果见图3-58。

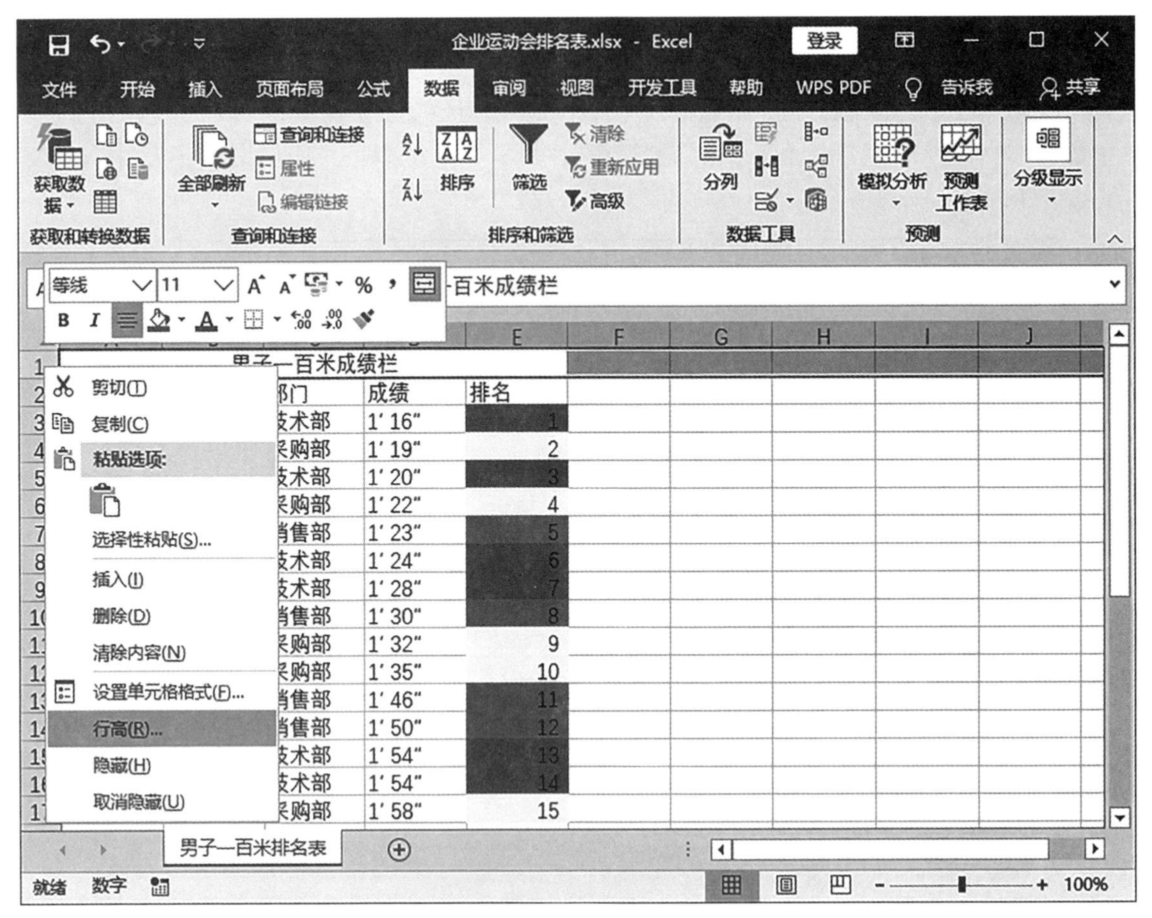

图3-55 设置表头行高

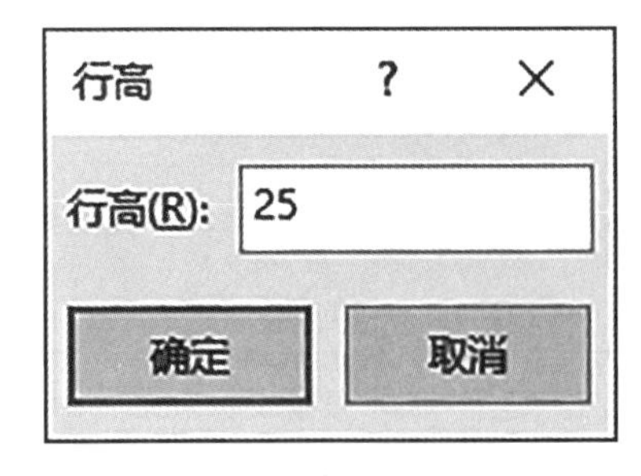

图3-56 在“行高”对话框输入“25”

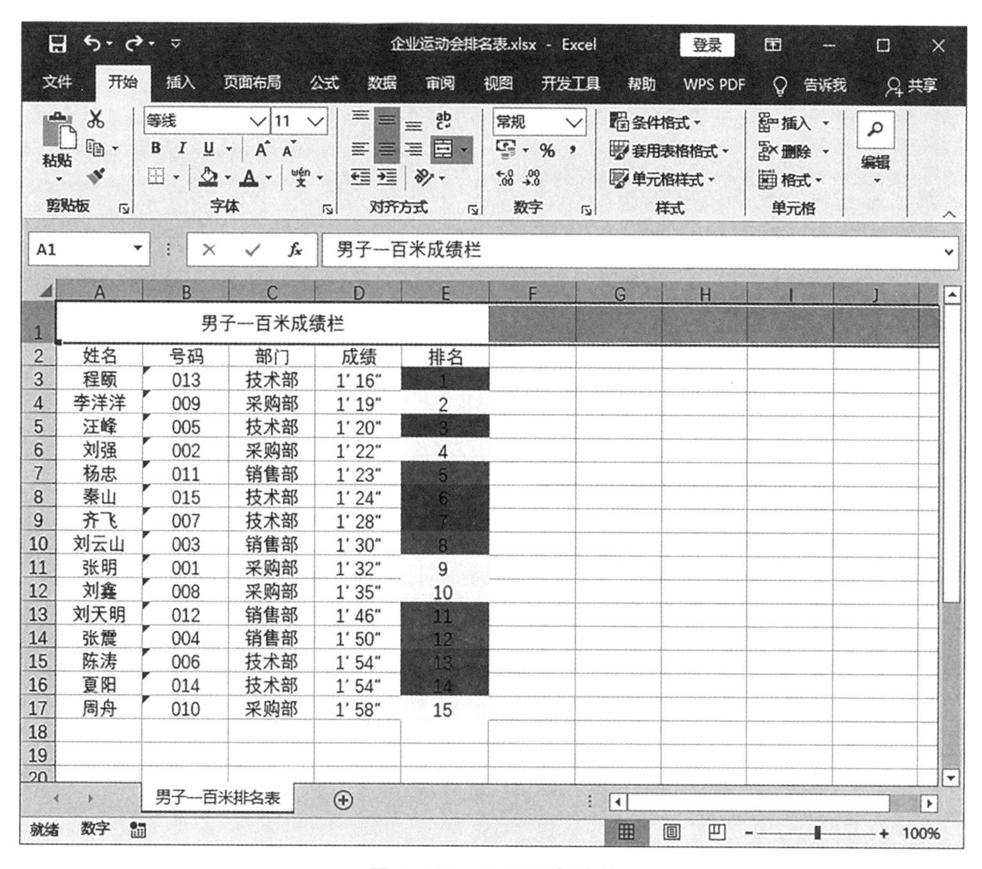

男子一百米成绩栏				
姓名	号码	部门	成绩	排名
程颐	013	技术部	1′16″	1
李洋洋	009	采购部	1′19″	2
汪峰	005	技术部	1′20″	3
刘强	002	采购部	1′22″	4
杨忠	011	销售部	1′23″	5
秦山	015	技术部	1′24″	6
齐飞	007	技术部	1′28″	7
刘云山	003	销售部	1′30″	8
张明	001	采购部	1′32″	9
刘鑫	008	采购部	1′35″	10
刘天明	012	销售部	1′46″	11
张震	004	销售部	1′50″	12
陈涛	006	技术部	1′54″	13
夏阳	014	技术部	1′54″	14
周舟	010	采购部	1′58″	15

图 3－57　设置行高效果

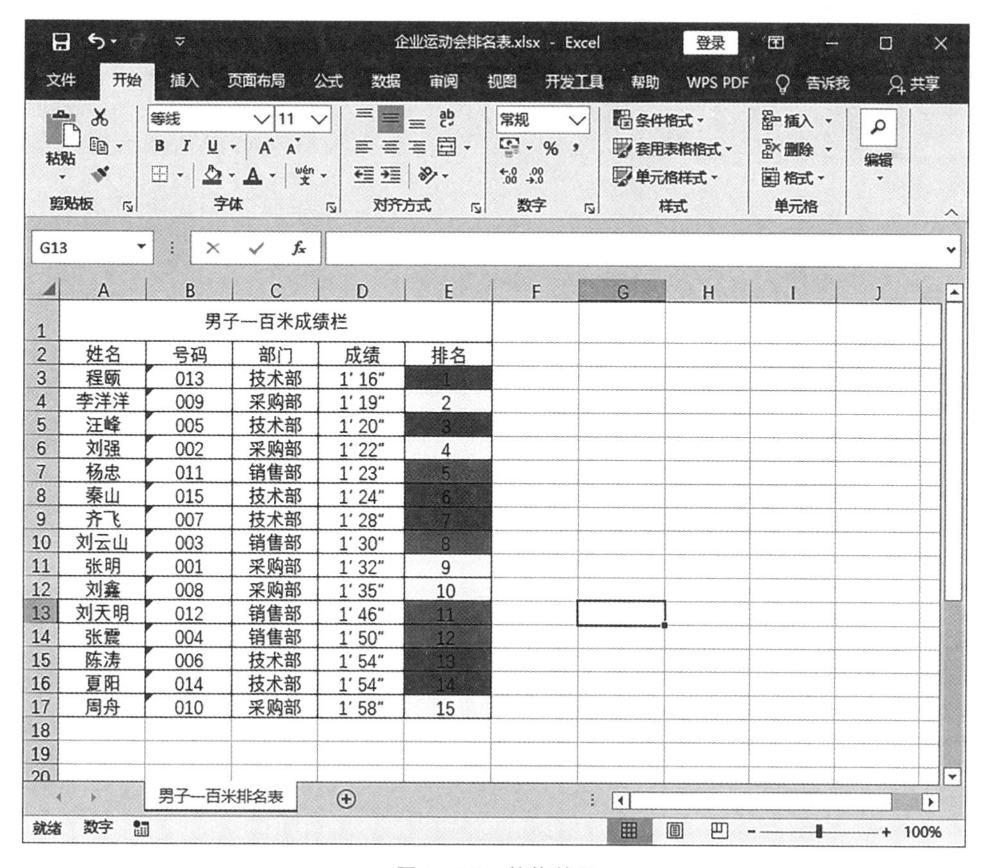

男子一百米成绩栏				
姓名	号码	部门	成绩	排名
程颐	013	技术部	1′16″	1
李洋洋	009	采购部	1′19″	2
汪峰	005	技术部	1′20″	3
刘强	002	采购部	1′22″	4
杨忠	011	销售部	1′23″	5
秦山	015	技术部	1′24″	6
齐飞	007	技术部	1′28″	7
刘云山	003	销售部	1′30″	8
张明	001	采购部	1′32″	9
刘鑫	008	采购部	1′35″	10
刘天明	012	销售部	1′46″	11
张震	004	销售部	1′50″	12
陈涛	006	技术部	1′54″	13
夏阳	014	技术部	1′54″	14
周舟	010	采购部	1′58″	15

图 3－58　整体效果

实训扩展

做一个学生成绩表，要求如下：新建表格，修改工作簿中工作表的数量及名称；输入学生信息，修改学号数列的单元格样式，把数据问题设置为“文本”；利用函数计算学生的总成绩，再用填充按钮填充总成绩序列；利用统计函数统计出学生的最低分和最高分，计算出学生的平均分；设置工作表格式，单元格对齐方式设置为“水平居中”，给表格设置边框和底纹。

实训三　企业库存管理

实训引入

商品库存明细表是一个公司或单位进出物品的详细统计清单，记录着一段时间内物品的消耗和剩余情况，对下一阶段相应商品的采购和使用计划有重要的参考作用。完整的商品库存明细表主要包括商品名称、商品数量、库存和结余等，相关人员需要对商品库存的各个类目进行统计和分析。

操作步骤

一、新建“商品库存表”工作簿

新建一个 Microsoft Excel 工作簿，并将该文档命名为“商品库存表”，打开“商品库存表”工作簿，在工作簿里分别建立名为“企业商品清单”“11 月销售”和“企业库存”的工作表，见图 3－59。

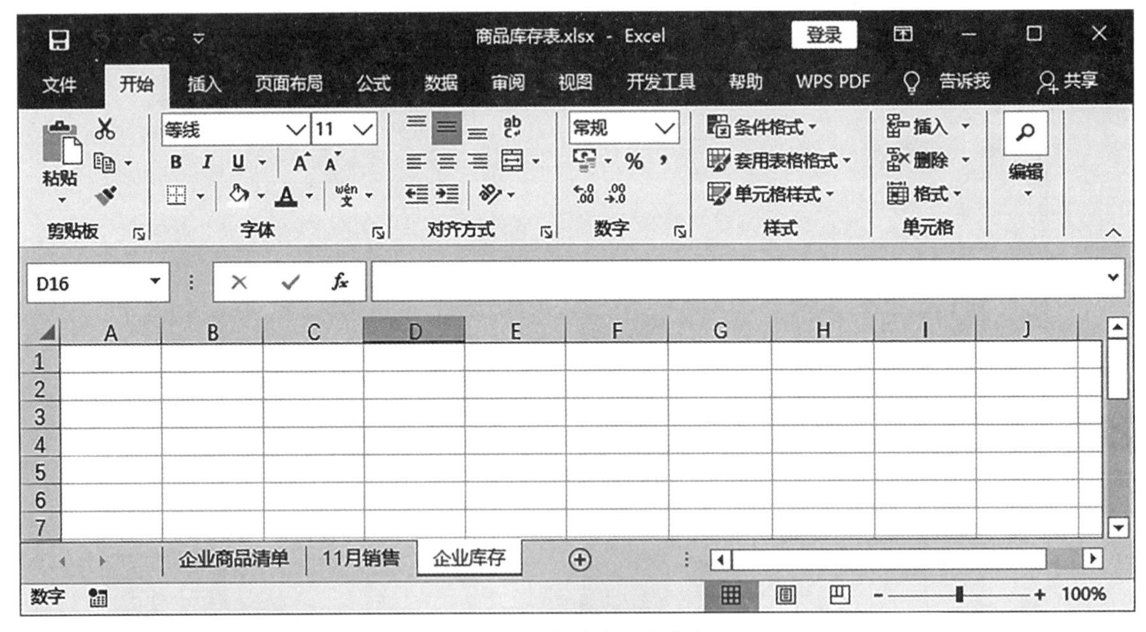

图 3－59　新建企业库存表

二、编辑企业商品清单表

(1)在“企业库存”表中输入产品型号、产品名称和产品单价等信息，见图 3－60。

图 3-60 在“企业库存”中输入产品信息

（2）对表格进行美化，标题行合并居中，底纹设置为蓝色，加内外边框，效果见图 3-61。

图 3-61“企业商品清单”表效果

三、编辑 11 月销售表

（1）在“11 月销售”表中输入销售日期、产品型号、产品名称、销售员以及所属部门等表头信息，见图 3-62 所示。

图 3-62　在“11 月销售”表中输入销售信息

(2)选中 B3～B15 单元格，单击菜单栏上的“数据”选项卡下“数据工具”组中的“数据验证”按钮，见图 3-63，弹出数据验证对话框，见图 3-64。

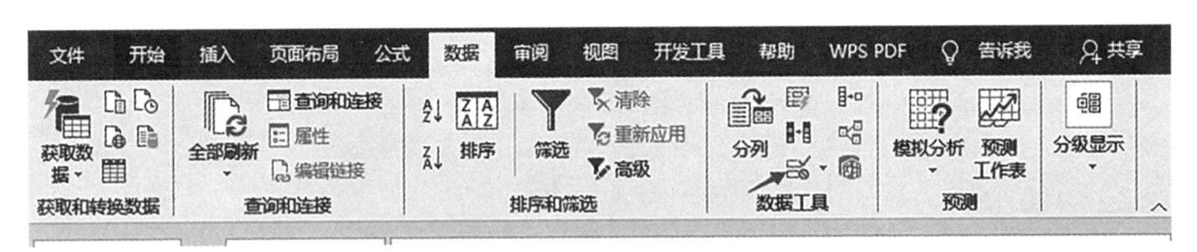

图 3-63　设置数据验证

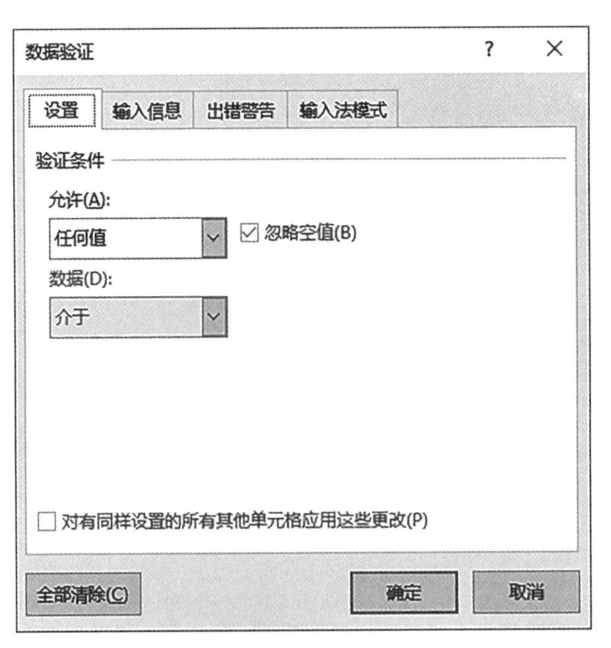

图 3-64　数据验证对话框

(3)选择“设置”选项卡，在“验证条件”→“允许”中选择“序列”，见图3－65。

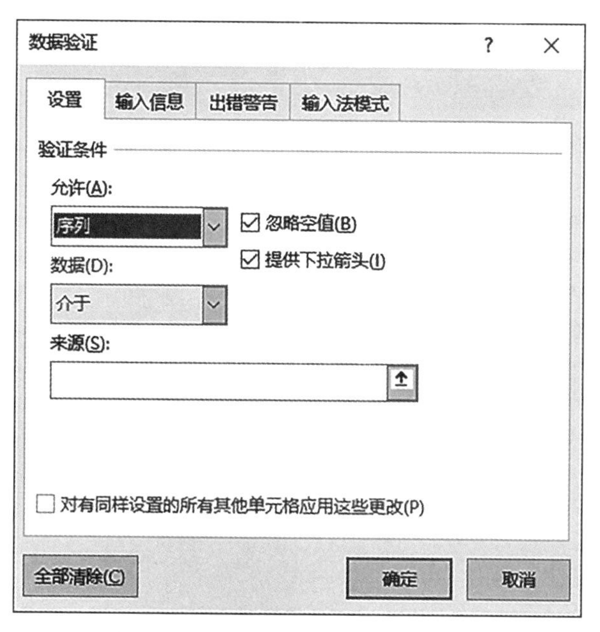

图3－65　设置数据验证的允许条件

(4)单击“来源”文本框后面的按钮，弹出对话框，见图3－66，选中F7－F14单元格，即选中产品型号，见图3－67。

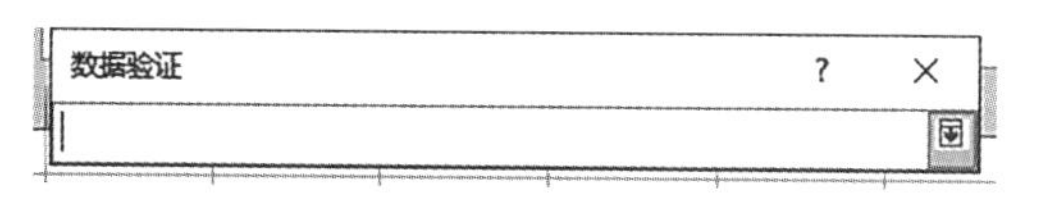

图3－66　设置数据验证的来源对话框

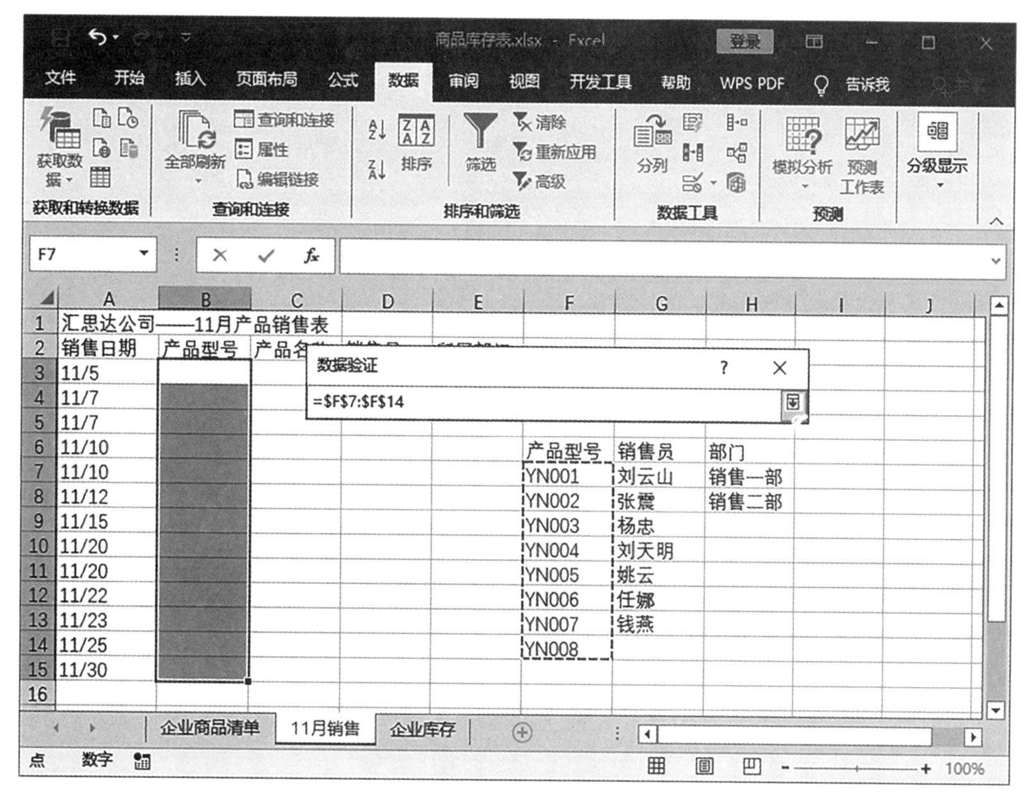

图3－67　设置数据验证的来源

(5)单击“确定”后，会发现在 B3～B15 单元格中，我们可以选择输入的内容，见图 3－68。

图 3－68　选择输入产品型号

(6)在下拉菜单中，选择产品型号进行输入，效果见图 3－69。

图 3－69　输入产品型号

(7)利用同样的方法，输入销售员和其所属部门，效果见图 3-70。

	A	B	C	D	E	F	G	H	I	J
1	汇思达公司——11月产品销售表									
2	销售日期	产品型号	产品名称	销售员	所属部门					
3	11/5	YN002		张震	销售一部					
4	11/7	YN004		杨忠	销售一部					
5	11/7	YN005		任娜	销售二部					
6	11/10	YN007		钱燕	销售二部		产品型号	销售员	部门	
7	11/10	YN006		姚云	销售二部		YN001	刘云山	销售一部	
8	11/12	YN008		刘天明	销售一部		YN002	张震	销售二部	
9	11/15	YN001		刘云山	销售二部		YN003	杨忠		
10	11/20	YN003		张震	销售一部		YN004	刘天明		
11	11/20	YN006		任娜	销售二部		YN005	姚云		
12	11/22	YN006		刘天明	销售二部		YN006	任娜		
13	11/23	YN007		姚云	销售一部		YN007	钱燕		
14	11/25	YN002		杨忠	销售一部		YN008			
15	11/30	YN004		刘云山	销售二部					
16										

图 3-70 输入销售人员和所属部门

(8)在销售员前面插入一列，作为销售数量列，输入表头和销售数量，效果见图 3-71。

	A	B	C	D	E	F	G	H	I	J
1	汇思达公司——11月产品销售表									
2	销售日期	产品型号	产品名称	销售数量	销售员	所属部门				
3	11/5	YN002		200	张震	销售一部				
4	11/7	YN004		80	杨忠	销售一部				
5	11/7	YN005		50	任娜	销售二部				
6	11/10	YN007		5	钱燕	销售二部		产品型号	销售员	部门
7	11/10	YN006		25	姚云	销售二部		YN001	刘云山	销售一部
8	11/12	YN008		1	刘天明	销售一部		YN002	张震	销售二部
9	11/15	YN001		350	刘云山	销售二部		YN003	杨忠	
10	11/20	YN003		240	张震	销售一部		YN004	刘天明	
11	11/20	YN006		80	任娜	销售二部		YN005	姚云	
12	11/22	YN006		95	刘天明	销售二部		YN006	任娜	
13	11/23	YN007		6	姚云	销售一部		YN007	钱燕	
14	11/25	YN002		120	杨忠	销售一部		YN008		
15	11/30	YN004		150	刘云山	销售二部				
16										

图 3-71 输入销售数量

(9)输入产品名称。选中 C3 单元格,单击"公式"选项卡下"函数库"组中的"插入函数"按钮,弹出"插入函数"对话框,见图 3-72;选中"查找与引用"→"VLOOKUP",单击"确定"按钮,弹出对话框,见图 3-73;在 Lookup_value 后面的空白格中输入"B3";在 Table_array 后面的空白格中输入"企业产品清单! A3:B10",在 Col_index_num 后面的空白格中输入"2",见图 3-74;单击"确定"得到 YN002 对应的产品名称,效果见图 3-75。

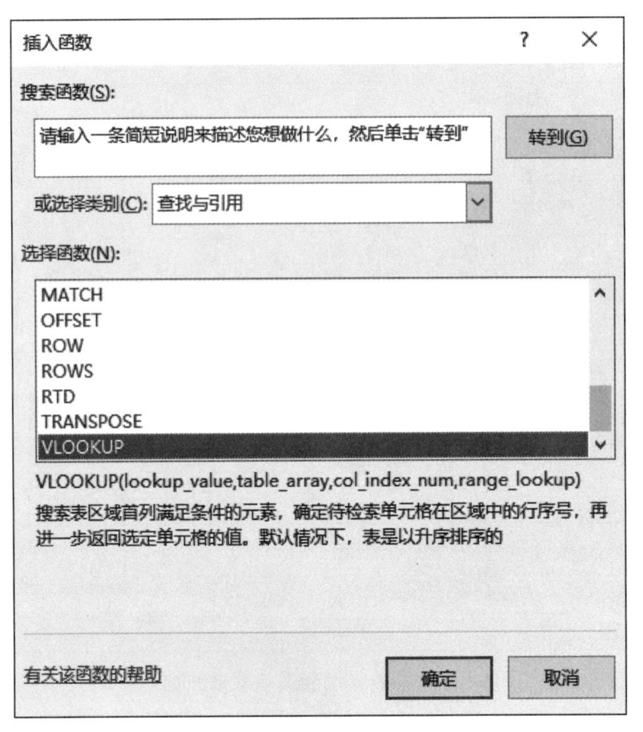

图 3-72 弹出"插入函数"对话框

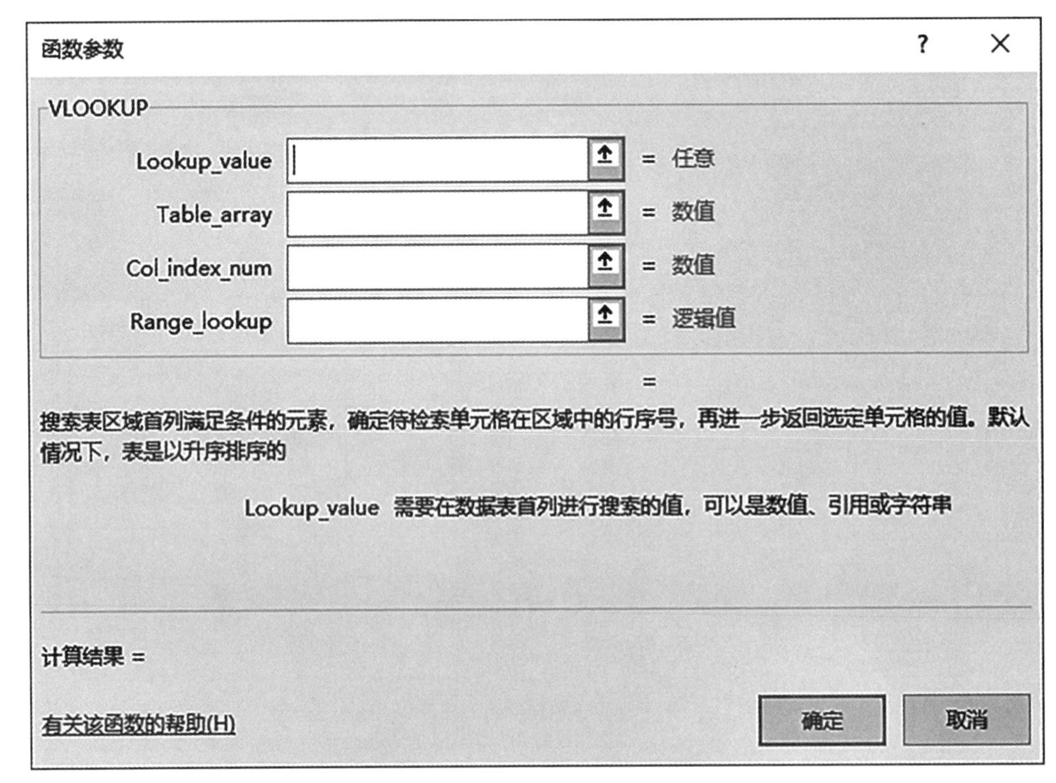

图 3-73 VLOOKUP 函数对话框

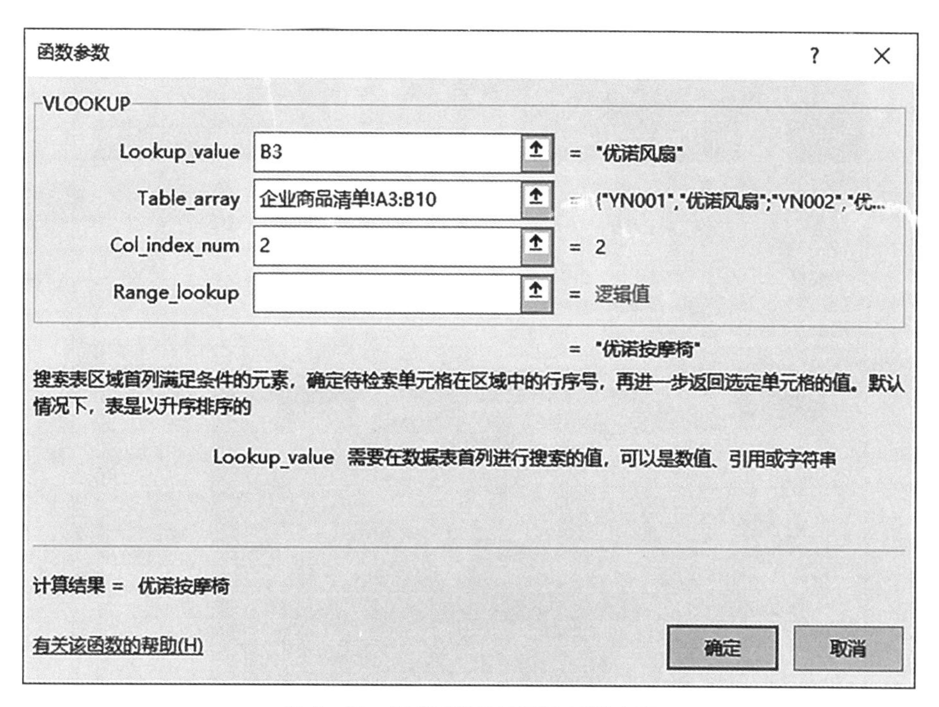

图 3-74 设置 VLOOKUP 函数内容

汇思达公司——11月产品销售表					
销售日期	产品型号	产品名称	销售数量	销售员	所属部门
11/5	YN002	优诺豆芽机	200	张震	销售一部
11/7	YN004		80	杨忠	销售一部

图 3-75 通过产品型号引用产品名称效果

（10）选中 C3 单元格，将光标指向单元格填充柄，当光标显示状态为**+**时，单击并向下拖动填充柄至 C15 单元格，表格数据将按序列自动填充，效果见图 3-76。

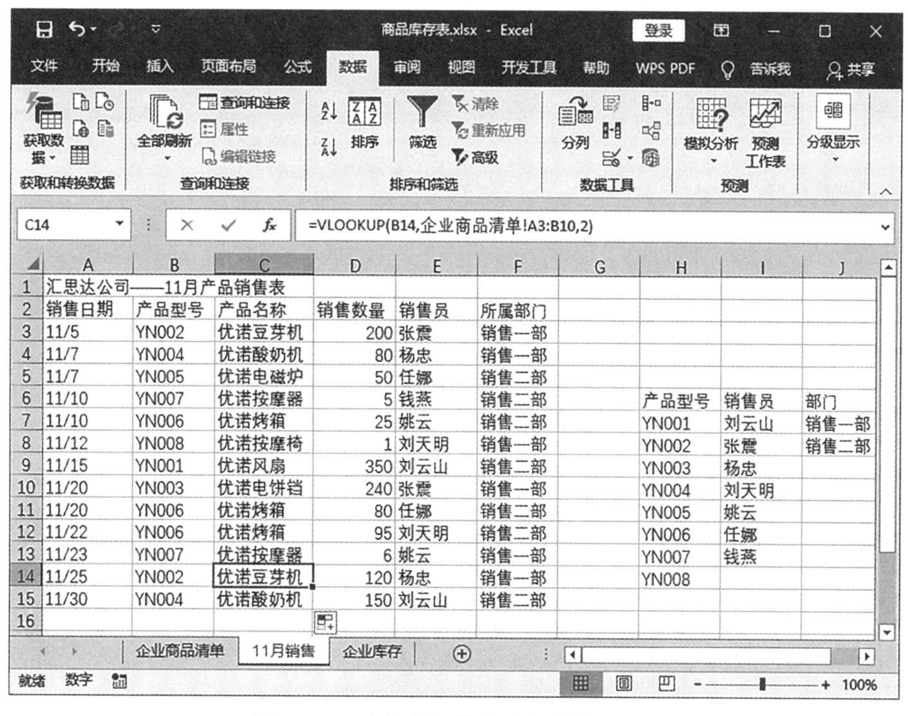

C14 =VLOOKUP(B14,企业商品清单!A3:B10,2)

	A	B	C	D	E	F	G	H	I	J
1	汇思达公司——11月产品销售表									
2	销售日期	产品型号	产品名称	销售数量	销售员	所属部门				
3	11/5	YN002	优诺豆芽机	200	张震	销售一部				
4	11/7	YN004	优诺酸奶机	80	杨忠	销售一部				
5	11/7	YN005	优诺电磁炉	50	任娜	销售二部				
6	11/10	YN007	优诺按摩器	5	钱燕	销售二部		产品型号	销售员	部门
7	11/10	YN006	优诺烤箱	25	姚云	销售二部		YN001	刘云山	销售一部
8	11/12	YN008	优诺按摩椅	1	刘天明	销售一部		YN002	张震	销售二部
9	11/15	YN001	优诺风扇	350	刘云山	销售二部		YN003	杨忠	
10	11/20	YN003	优诺电饼铛	240	张震	销售一部		YN004	刘天明	
11	11/20	YN006	优诺烤箱	80	任娜	销售二部		YN005	姚云	
12	11/22	YN006	优诺烤箱	95	刘天明	销售二部		YN006	任娜	
13	11/23	YN007	优诺按摩器	6	姚云	销售一部		YN007	钱燕	
14	11/25	YN002	优诺豆芽机	120	杨忠	销售一部		YN008		
15	11/30	YN004	优诺酸奶机	150	刘云山	销售二部				
16										

图 3-76 表格数据按序列自动填充效果

(11)给表格添加边框,并设置填充颜色和表格格式,效果见图 3-77。

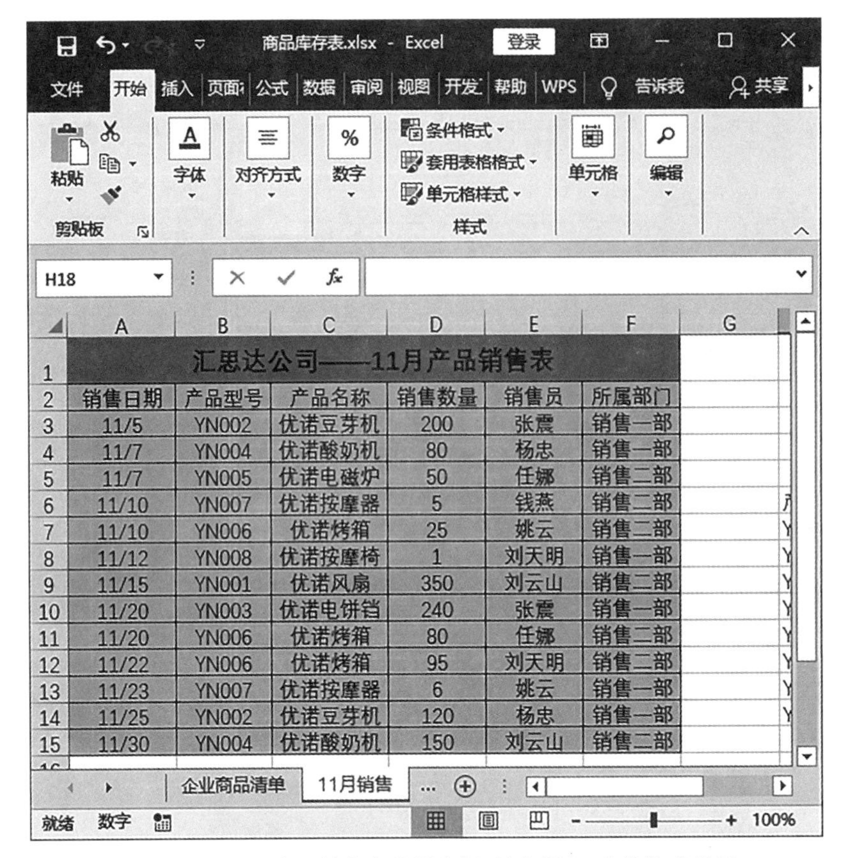

汇思达公司——11月产品销售表					
销售日期	产品型号	产品名称	销售数量	销售员	所属部门
11/5	YN002	优诺豆芽机	200	张震	销售一部
11/7	YN004	优诺酸奶机	80	杨忠	销售一部
11/7	YN005	优诺电磁炉	50	任娜	销售二部
11/10	YN007	优诺按摩器	5	钱燕	销售二部
11/10	YN006	优诺烤箱	25	姚云	销售二部
11/12	YN008	优诺按摩椅	1	刘天明	销售一部
11/15	YN001	优诺风扇	350	刘云山	销售二部
11/20	YN003	优诺电饼铛	240	张震	销售一部
11/20	YN006	优诺烤箱	80	任娜	销售二部
11/22	YN006	优诺烤箱	95	刘天明	销售二部
11/23	YN007	优诺按摩器	6	姚云	销售一部
11/25	YN002	优诺豆芽机	120	杨忠	销售一部
11/30	YN004	优诺酸奶机	150	刘云山	销售二部

图 3-77 11月产品销售表设置边框、填充颜色、表格格式效果

四、编辑企业库存表

(1)在“企业库存”表中输入产品名称、型号和10月末的产品库存量,见图 3-78。

汇思达公司——企业库存表				
产品型号	产品名称	10月末库存量	11月销售量	11月末库存量
YN001	优诺风扇	1200	350	850
YN002	优诺豆芽机	1000	320	680
YN003	优诺电饼铛	800	240	560
YN004	优诺酸奶机	850	230	620
YN005	优诺电磁炉	920	50	870
YN006	优诺烤箱	560	200	360
YN007	优诺按摩器	680	11	669
YN008	优诺按摩椅	120	1	119

图 3-78 输入库存表信息

(2)统计11月的销售量。选中D3单元格,单击“公式”选项卡下“函数库”组中的“插入函数”按钮,弹出“插入函数”对话框,见图3-79;选中“数学与三角函数”→“SUMIF”,单击“确定”,弹出对话框,见图3-80;在Range后面的空白格中输入“'11月销售'! $C$3:$C$15”;在Criteria后面的空白格中输入“B3”,在Sum_range后面的空白格中输入“'11月销售'! $D$3:$D$15”,见图3-81;单击“确定”得到优诺风扇11月的销售总量,效果见图3-82。

图3-79　插入SUMIF函数

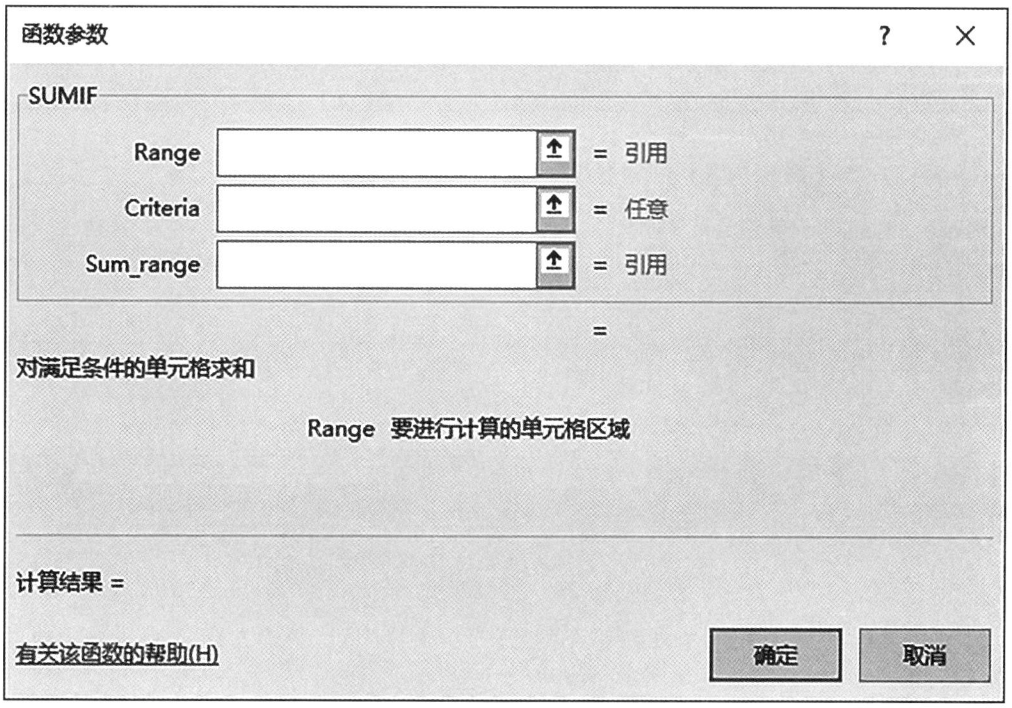

图3-80　SUMIF函数对话框

函数参数

SUMIF

Range　'11月销售'!$C$3:$C$15　= {"优诺豆芽机";"优诺酸奶机";"优诺...

Criteria　B3　= "优诺风扇"

Sum_range　'11月销售'!$D$3:$D$15　= {200;80;50;5;25;1;350;240;80;95;6;1

= 350

对满足条件的单元格求和

Criteria　以数字、表达式或文本形式定义的条件

计算结果 = 350

有关该函数的帮助(H)　　确定　　取消

图 3-81　设置 SUMIF 函数内容

	A	B	C	D	E
1	汇思达公司——企业库存表				
2	产品型号	产品名称	10月末库存量	11月销售量	11月末库存量
3	YN001	优诺风扇	1200	350	
4	YN002	优诺豆芽机	1000		
5	YN003	优诺电饼铛	800		
6	YN004	优诺酸奶机	850		
7	YN005	优诺电磁炉	920		
8	YN006	优诺烤箱	560		
9	YN007	优诺按摩器	680		
10	YN008	优诺按摩椅	120		

图 3-82　优诺风扇 11 月的销售量

(3)选中 D3 单元格，将光标指向单元格填充柄，当光标变成✚时，单击并向下拖动填充柄至 D10 单元格，表格数据将按序列自动填充，效果见图 3-83。

图 3-83 表格数据按序列自动填充效果

(4)统计 11 月末的库存量。选中 E3 单元格，在工具栏上按钮后面的空白处输入"=C3-D3"，得到优诺风扇 11 月末的库存量，见图 3-84。

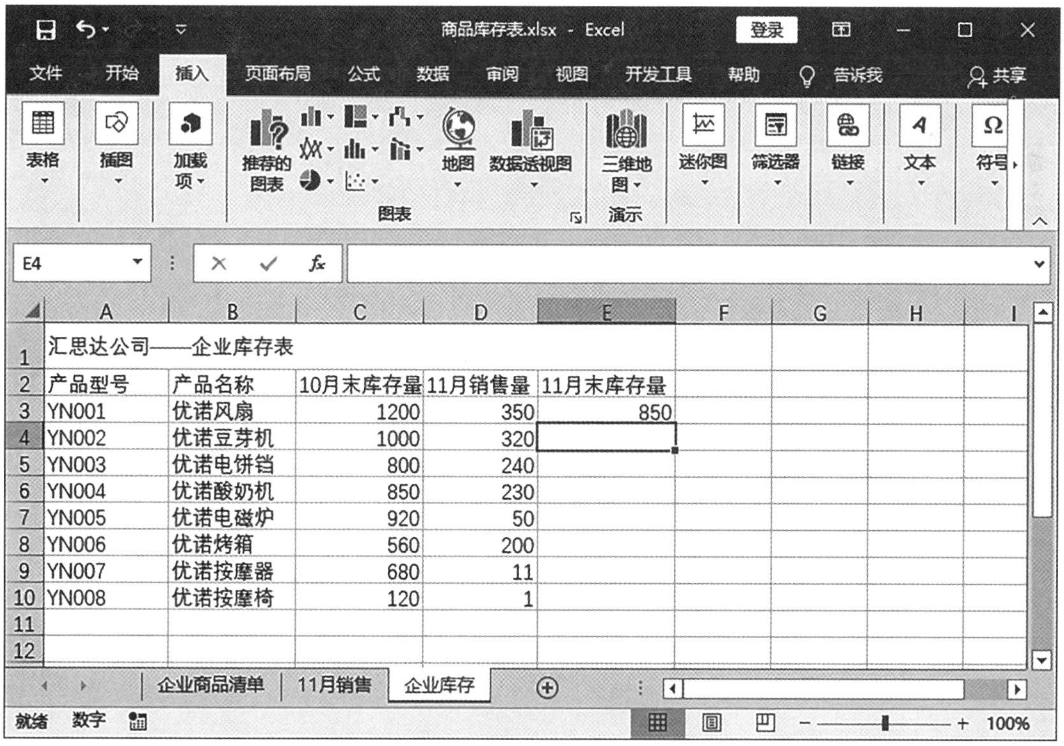

图 3-84 优诺风扇 11 月末的库存量

(5)选中 E3 单元格，将光标指向单元格填充柄，当光标变成**+**时，单击并向下拖动填充柄至 E10 单元格，表格数据将按序列自动填充，效果见图 3－85。

	A	B	C	D	E
1	汇思达公司——企业库存表				
2	产品型号	产品名称	10月末库存量	11月销售量	11月末库存量
3	YN001	优诺风扇	1200	350	850
4	YN002	优诺豆芽机	1000	320	680
5	YN003	优诺电饼铛	800	240	560
6	YN004	优诺酸奶机	850	230	620
7	YN005	优诺电磁炉	920	50	870
8	YN006	优诺烤箱	560	200	360
9	YN007	优诺按摩器	680	11	669
10	YN008	优诺按摩椅	120	1	119

图 3－85　表格数据按序列自动填充效果

（6）给表格添加边框，并设置填充颜色和表格格式，效果见图 3－86。

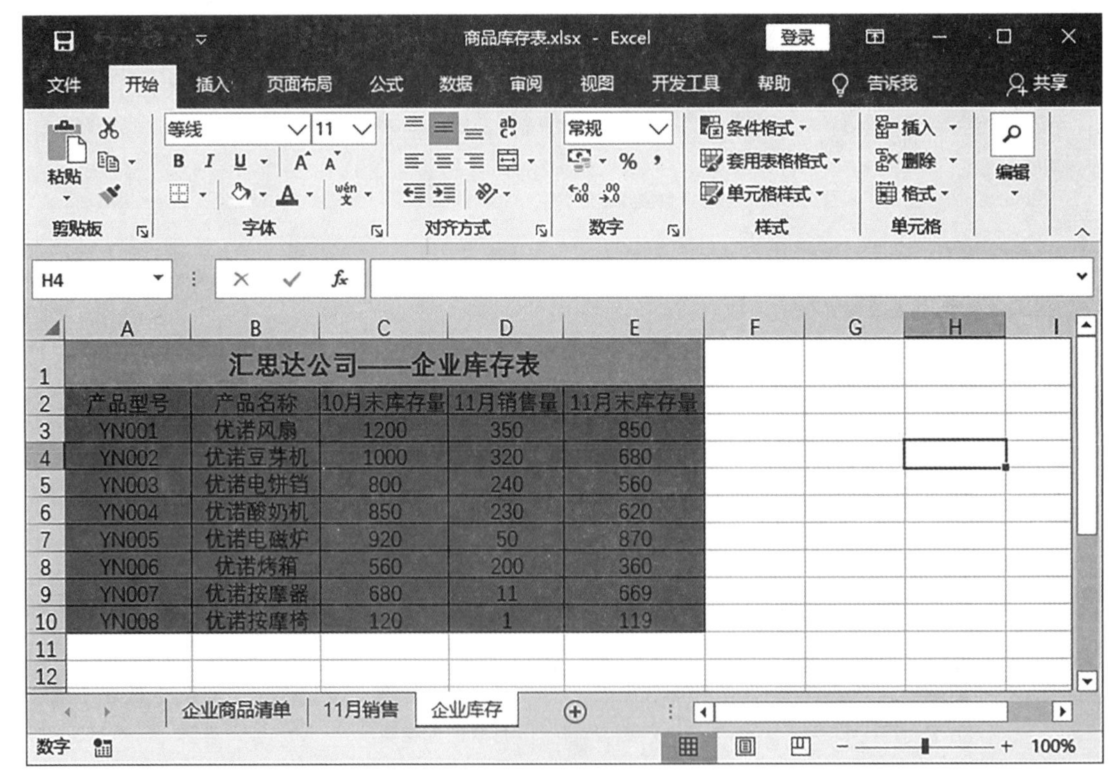

	A	B	C	D	E
1	汇思达公司——企业库存表				
2	产品型号	产品名称	10月末库存量	11月销售量	11月末库存量
3	YN001	优诺风扇	1200	350	850
4	YN002	优诺豆芽机	1000	320	680
5	YN003	优诺电饼铛	800	240	560
6	YN004	优诺酸奶机	850	230	620
7	YN005	优诺电磁炉	920	50	870
8	YN006	优诺烤箱	560	200	360
9	YN007	优诺按摩器	680	11	669
10	YN008	优诺按摩椅	120	1	119

图 3－86　企业库存表效果

实训扩展

制作一个员工工资统计表，要求如下：新建“工资表”；输入内容，在“工资表”中输入员工的工号、名字、职位等信息；利用逻辑函数输入员工的基本工资和员工补贴，例如：处长的基本工资为1 800元，职位补贴为600元，职员的基本工资为1 200元，职位补贴为200元；利用函数计算应发小计，即基本工资和职位补贴之和；计算员工病、事假扣款，病假超过5天，超出部分每天30元，事假超过3天，超出部分每天60元，缺勤每天100元，迟到每次30元，利用“逻辑”→“IF”函数计算员工的扣款；计算扣款小计；利用应发工资和扣款小计之差求得实发工资。

项目四　PPT 综合应用

实训一　商务企业宣传 PPT

实训引入

商务企业宣传 PPT 是为了更好地宣传公司而制作的宣传材料，PPT 的内容关系到公司的形象和宣传效果，因此应注重每张幻灯片中的细节处理。在特定的页面加入合适的过渡动画，会使幻灯片更加生动；也可为幻灯片加入视频等多媒体素材，以达到更好的宣传效果。商务宣传 PPT 包含公司简介、公司员工组成、发展理念、公司精神和公司文化等几个主题，分别对公司的各个方面进行介绍。商务宣传 PPT 是公司的宣传文件，代表了公司的形象，因此，公司宣传 PPT 应该美观大方、观点明确。

操作步骤

一、设计企业宣传 PPT 封面页

(1)打开“商务企业宣传 PPT.pptx”演示文稿，单击“开始”选项卡下“幻灯片”组内的“新建幻灯片”下拉按钮，在弹出的下拉列表中选择“标题幻灯片”选项，见图 4－1。

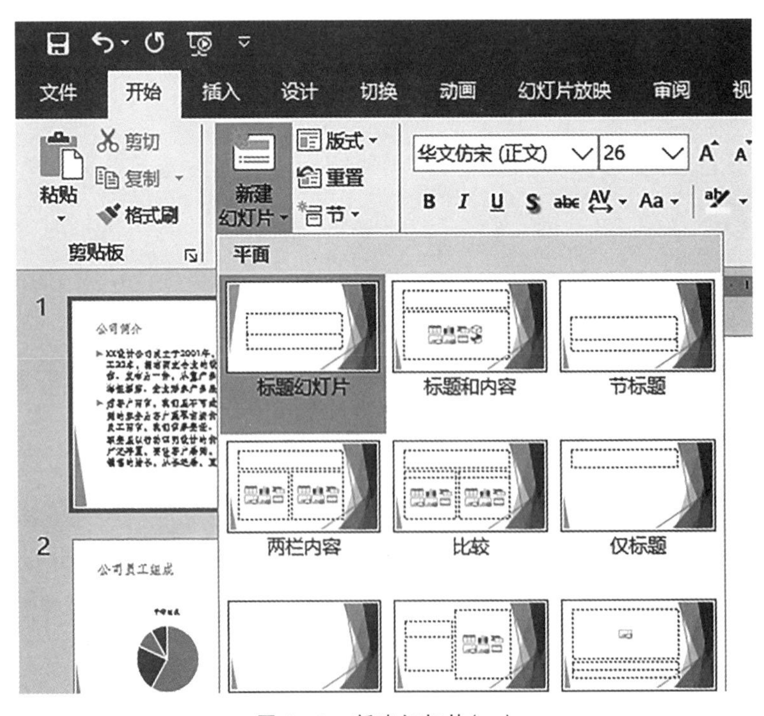

图 4－1　新建幻灯片(一)

(2)在新建幻灯片的标题文本框内输入“XX公司宣传PPT”文本,选中输入文字,在“开始”选项卡下“字体”组中将字体设置为“楷体”,将字号设置为“60”,单击“文字阴影”按钮为文字添加阴影效果,见图4-2。

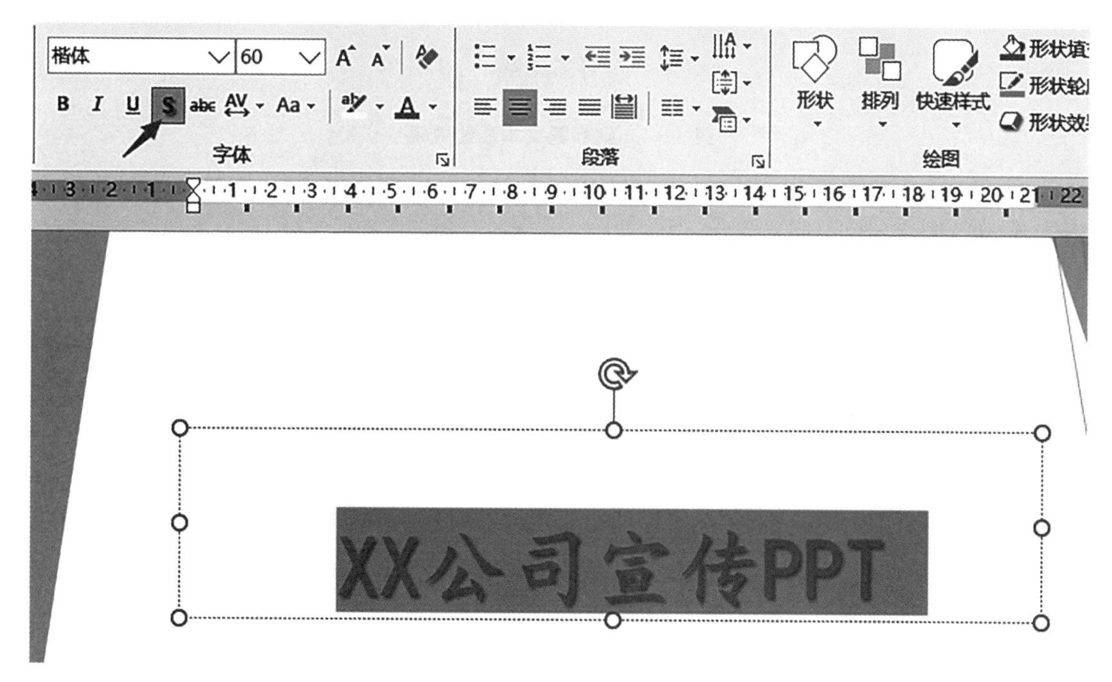

图4-2 设置文本格式

(3)单击“开始”选项卡下“字体”组中的“字体颜色”下拉按钮,在弹出的下拉列表中选择“浅蓝,个性色5,深色25%”选项,即可完成对标题文本的样式设置,见图4-3。

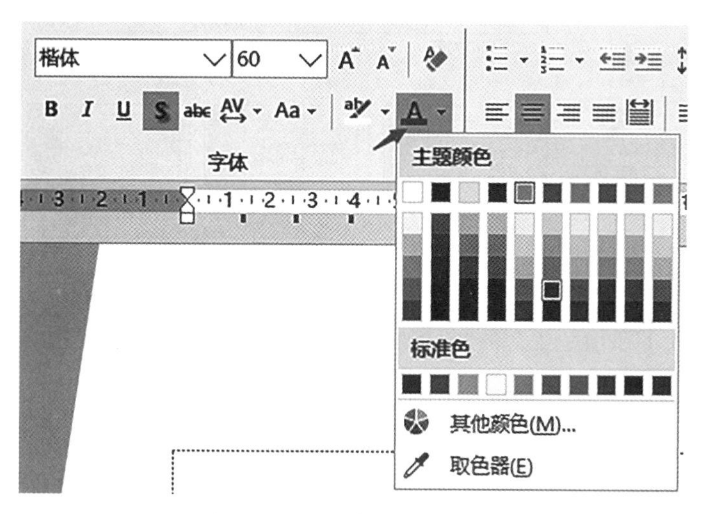

图4-3 设置标题文本样式

(4)在副标题文本框内输入“公司宣传部”,使用上述操作设置字体为“楷体”、字号为“28”、字体颜色为“黑色”,并添加“文字阴影”效果,适当调整文本位置,最终效果见图4-4。

XX公司宣传PPT

公司宣传部

图 4－4　副标题文本最终效果

二、设置企业宣传 PPT 目录页

(1)选中封面幻灯片页，单击“开始”选项卡下“幻灯片”组中的“新建幻灯片”下拉按钮，在弹出的下拉列表中选择“仅标题”选项，见图 4－5。

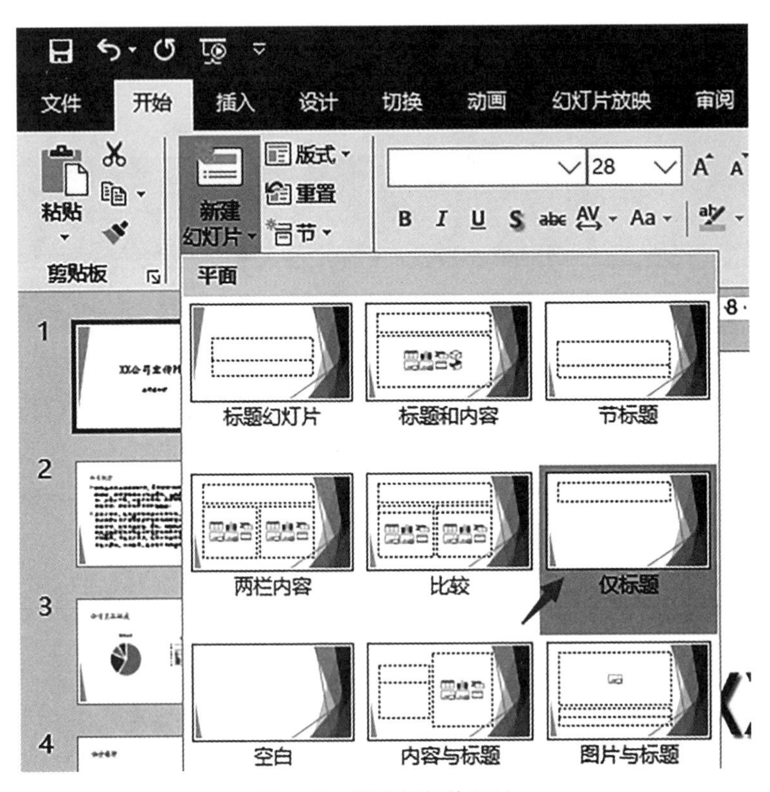

图 4－5　新建幻灯片(二)

(2)在封面幻灯片页面下添加一张新的“仅标题”幻灯片，在幻灯片中的标题文本框内输入“目录”文本，并设置字体为“宋体”、字号为“36”，效果见图 4－6。

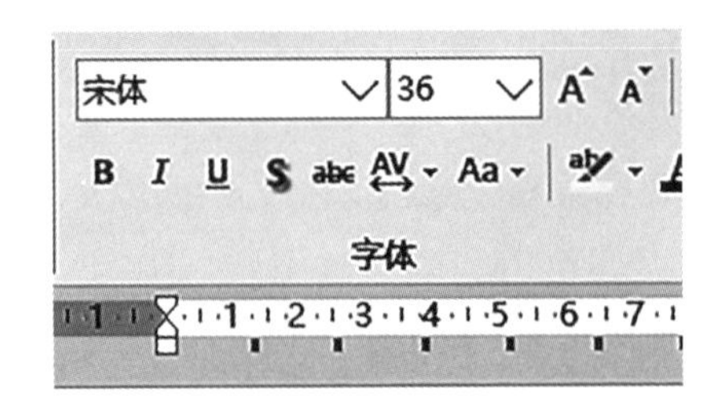

图 4－6　设置标题文本格式

(3)单击“插入”选项卡下“图像”组中的“图片”按钮,见图 4-7。

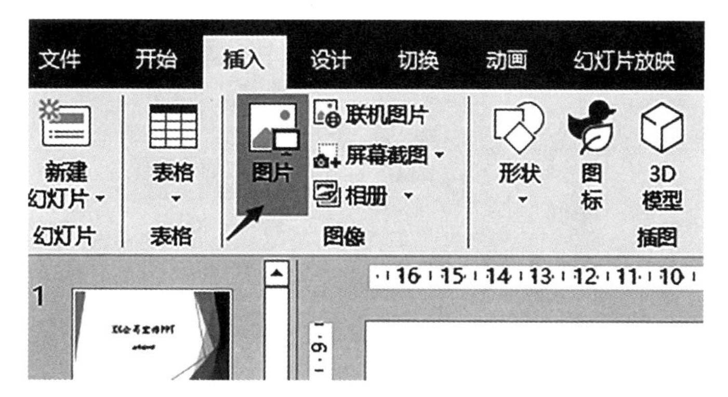

图 4-7 插入图片

(4)在弹出的“插入图片”对话框中选择图片,单击“插入”按钮,即可将图片插入幻灯片,适当调整图片大小,效果见图 4-8。

目录

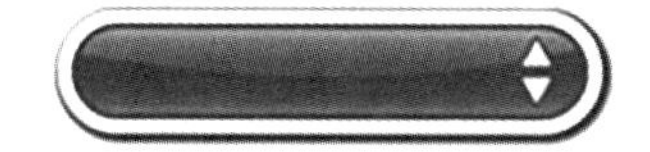

图 4-8 插入图片效果

(5)单击“插入”选项卡下“文本”组中的“文本框”按钮,见图 4-9。

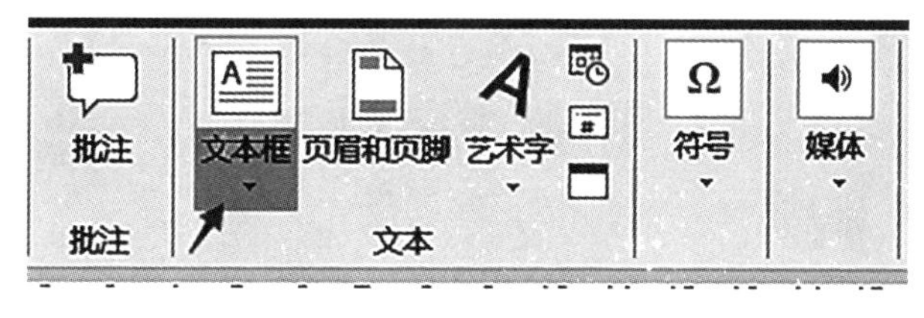

图 4-9 插入文本框

(6)按住鼠标左键,在插入的图片上拖动鼠标插入文本框,并在文本框内输入“1”,设置输入文本的字体颜色为“白色”、字号为“16”,并调整至图片中间位置,效果见图 4-10。

目录

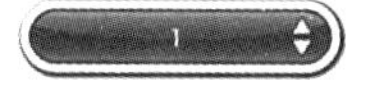

图 4-10 设置文本框内字体

(7)同时选中图片和数字,单击“图片工具—格式”选项卡下“排列”组中的“组合”按钮,见图 4-11,在弹出的下拉列表中选择“组合”选项,可将图片和数字结合在一起,再次拖曳图片位置,数字会随图片一起移动。

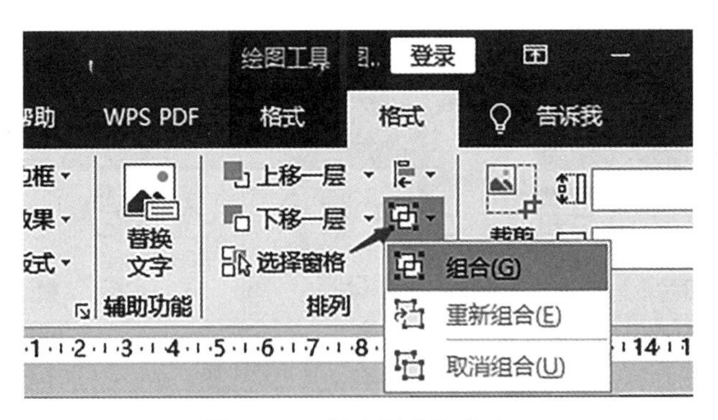

图 4-11　组合图片和文字

(8)单击“插入”选项卡下“插图”组中的“形状”按钮，在弹出的下拉列表中选择“矩形”组中的“矩形”选项，见图 4-12。

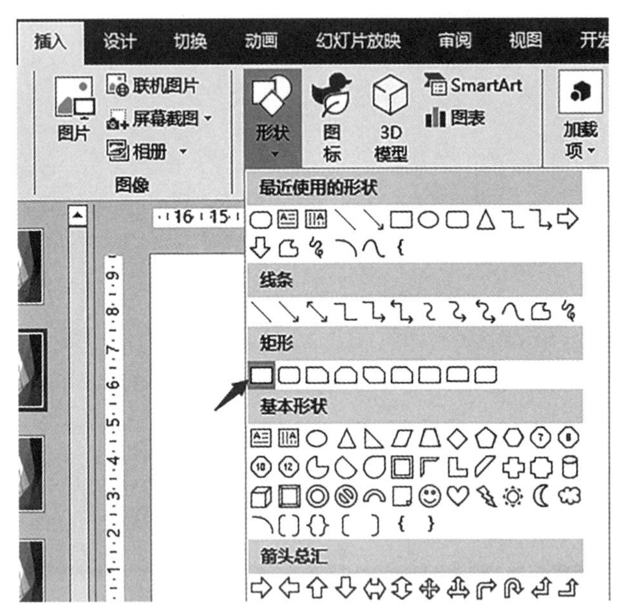

图 4-12　插入矩形形状

(9)按住鼠标左键，拖动鼠标在幻灯片中插入矩形，选中插入的形状，单击“格式”选项卡下“形状样式”组中的“形状轮廓”按钮，在弹出的下拉列表中选择“无轮廓”选项，即可去除图片的轮廓，见图 4-13。

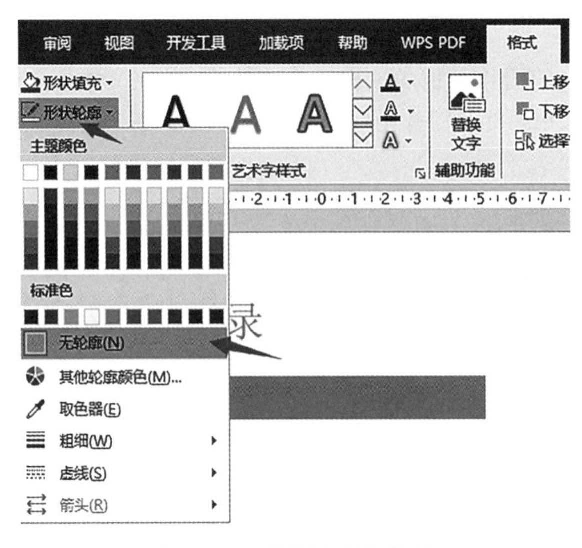

图 4-13　设置形状的轮廓

(10)选中形状,在“格式”选项卡下“大小”组中设置形状的高度为“0.8 厘米”、宽度为“11 厘米”,见图 4-14。

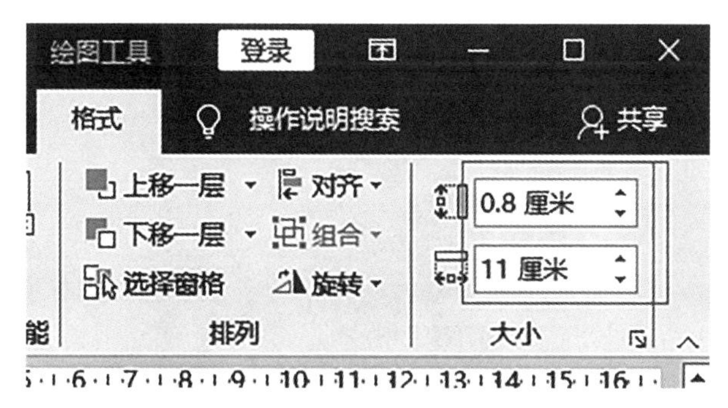

图 4-14 设置形状大小

(11)选中形状并右击,在弹出的快捷菜单中选择“设置形状格式”选项,见图 4-15。

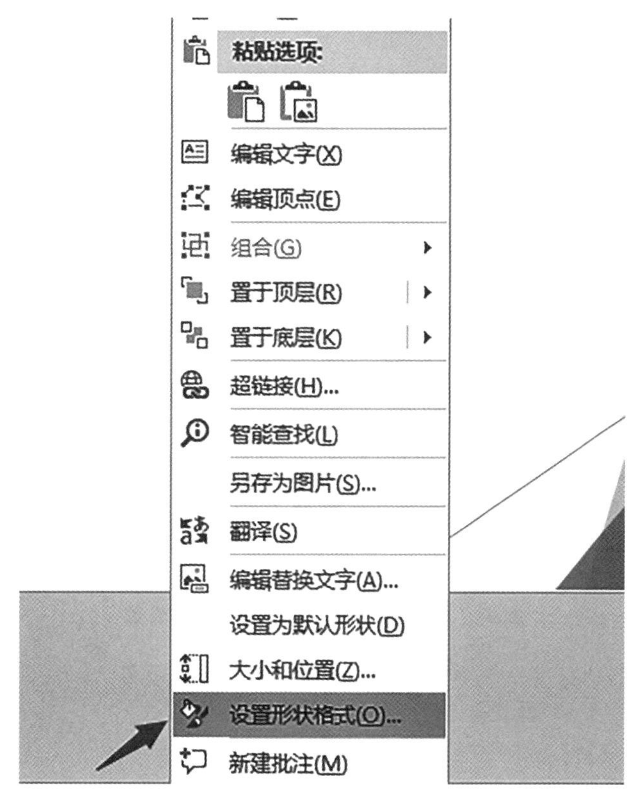

图 4-15 打开设置形状格式窗格

(12)弹出“设置形状格式”窗格,选择“填充”选项卡,选中“填充”选项区域中的“渐变填充”单选按钮,在“预设渐变”下拉列表框中选择“中等渐变,个性色 5”样式,将类型设置为“线性”,方向设置为“线性向右”,见图 4-16。

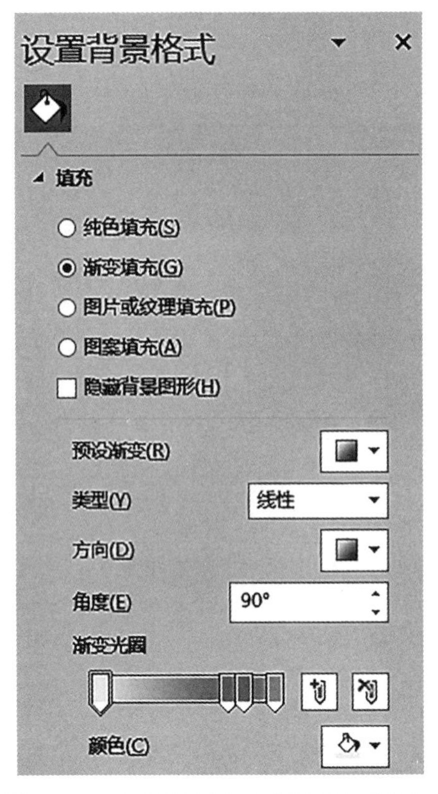

图 4-16　在“设置形状格式”下选择“填充”

(13)继续单击“颜色”按钮,在弹出的“主题颜色”面板中选择“取色器”选项,见图 4-17。

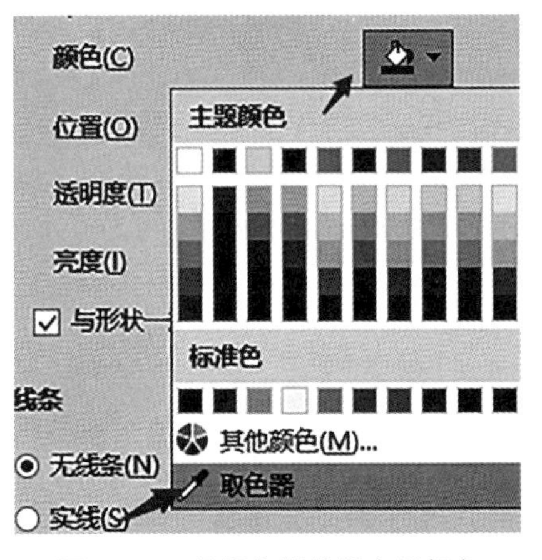

图 4-17　用取色器设置主题颜色

(14)当鼠标指针变为吸管形状时,单击插入图片,吸取图片正面颜色,设置完成后关闭“设置形状格式”对话框,效果见图 4-18。

图 4-18　主题颜色设置效果

(15)选中形状并右击，在弹出的快捷菜单中选择“编辑文字”选项，见图 4－19。

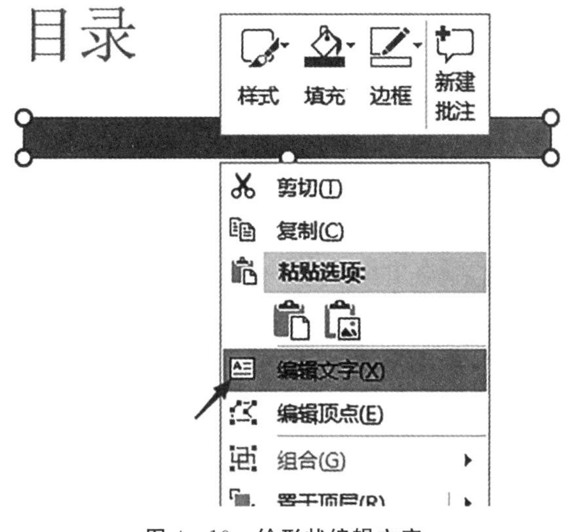

图 4－19 给形状编辑文字

(16)在形状中输入“公司简介”文本，并设置字体为“宋体”、字号为“16”、字体颜色为“深蓝，文字 2”，将对齐方式设置为“居中对齐”，效果见图 4－20。

图 4－20 设置文字格式

(17)选中插入的图片并右击，在弹出的快捷菜单中选择“置于顶层”→“置丁顶层”选项，见图 4－21。

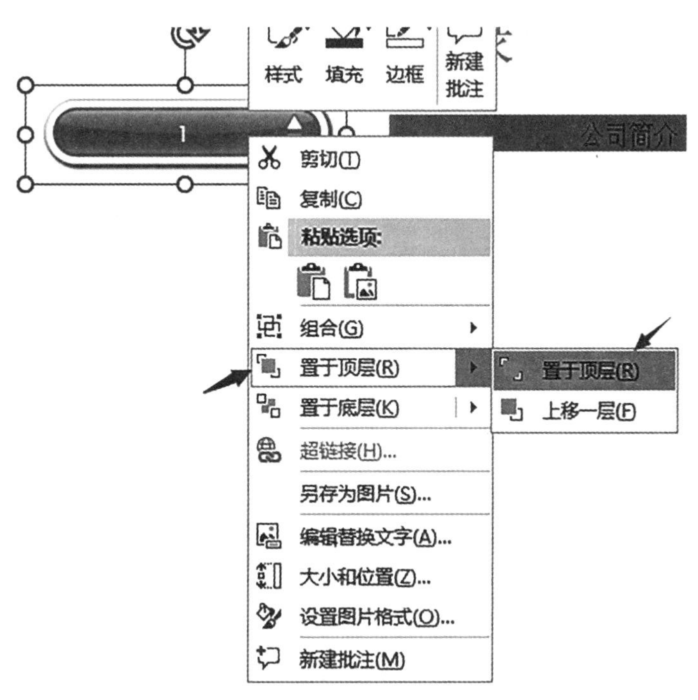

图 4－21 将图片设置为“置于顶层”

(18)图片即可被置于形状上方,将图片调整至合适位置,并将图片和形状组合在一起,效果见图 4-22。

图 4-22　组合形状和图片

(19)使用上述方法制作其余目录,最终效果见图 4-23。

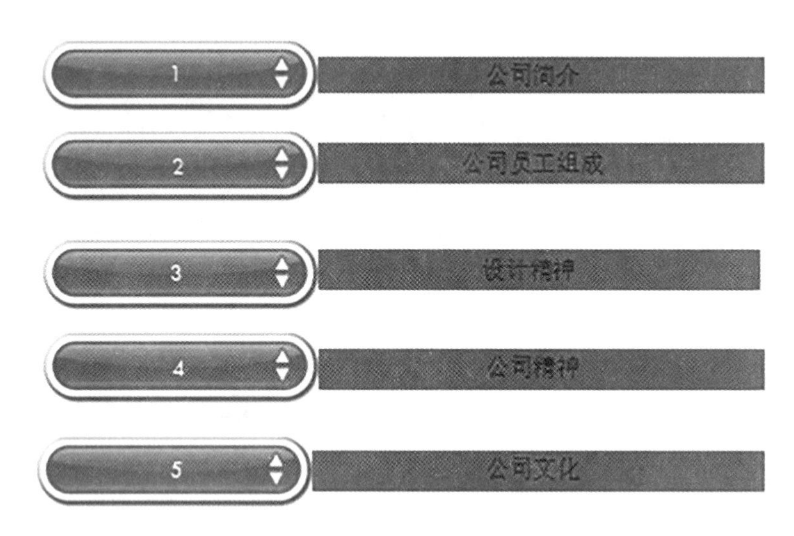

图 4-23　制作目录效果

三、添加动画

(1)单击第 1 张幻灯片中的“XX 公司宣传 PPT”文本框,单击“动画”选项卡下“动画”组中的“其他”按钮,见图 4-24。

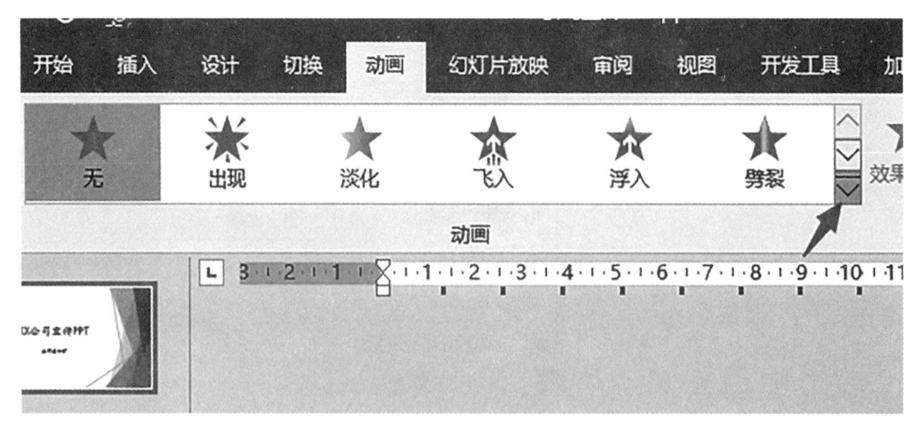

图 4-24　添加动画

(2)在弹出的下拉列表中选择“进入”组中的“飞入”选项,见图 4-25,即可为文字添加“飞入”动画效果,文本框左上角会显示一个动画标记。

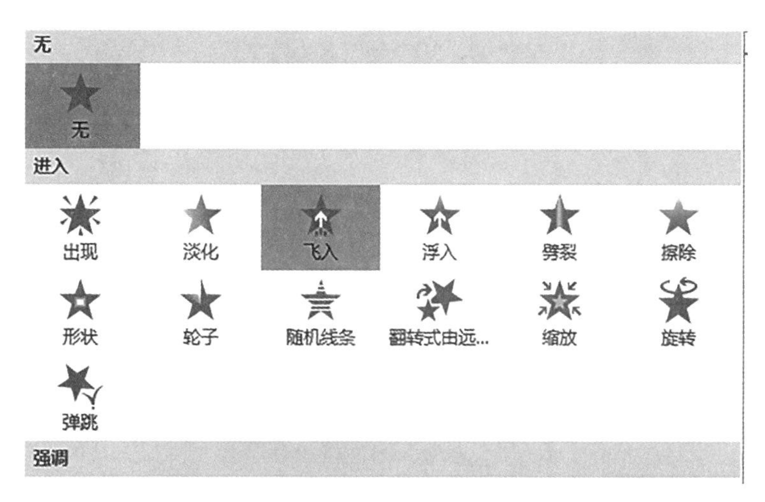

图 4-25 添加“飞入”动画效果

(3)单击“动画”组中的“效果选项”按钮，在弹出的下拉列表中选择“自左下部”选项，见图 4-26。

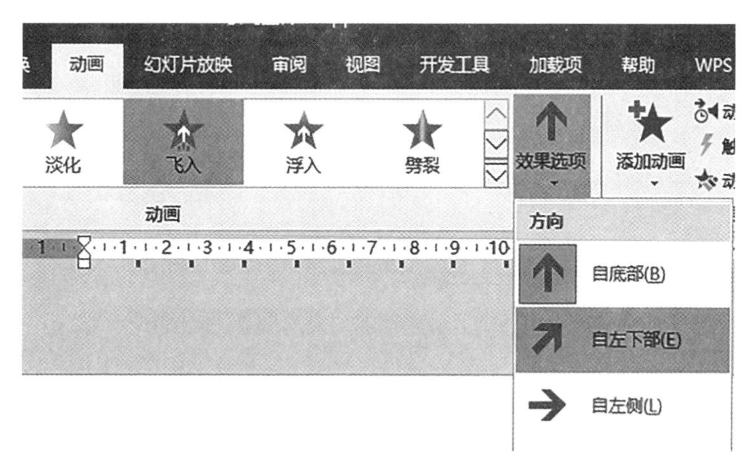

图 4-26 设置动画效果

(4)在“计时”组中选择“开始”下拉列表中的“上一动画之后”选项，将“持续时间”设置为“02.75”，“延迟”设置为“00.50”，见图 4-27。

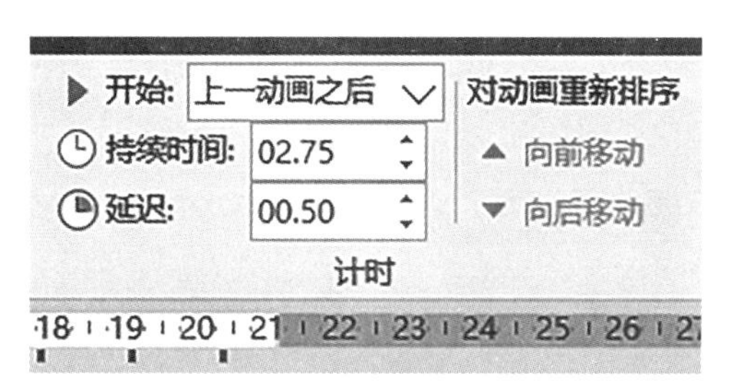

图 4-27 设置动画时长

(5)使用同样的方法对副标题设置“飞入”动画效果，将效果选项设置为“自右下部”，开始设置为“上一动画之后”，持续时间设置为“01.00”，延迟设置为“00.00”，效果见图 4-28。

XX公司宣传PPT

公司宣传部

图 4－28　设置副标题动画效果

(6)选择第 2 张幻灯片，选中目录 1，单击“图片工具—格式”选项卡下“排列”组中的“组合”下拉按钮，在弹出的下拉列表中选择“取消组合”选项，见图 4－29。

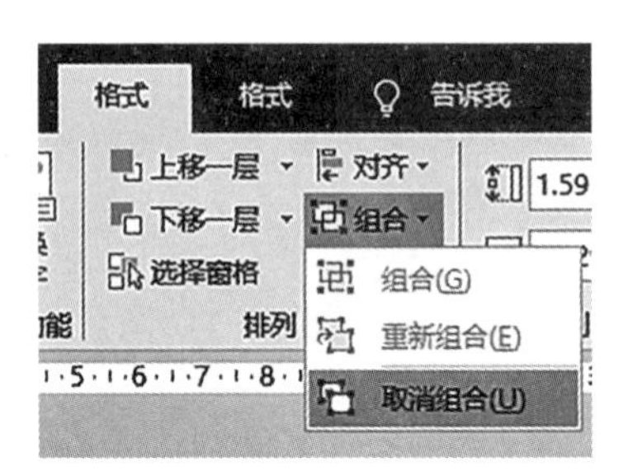

图 4－29　选择取消组合选项

(7)分别为图片和形状添加“随机线条”动画效果，见图 4－30。

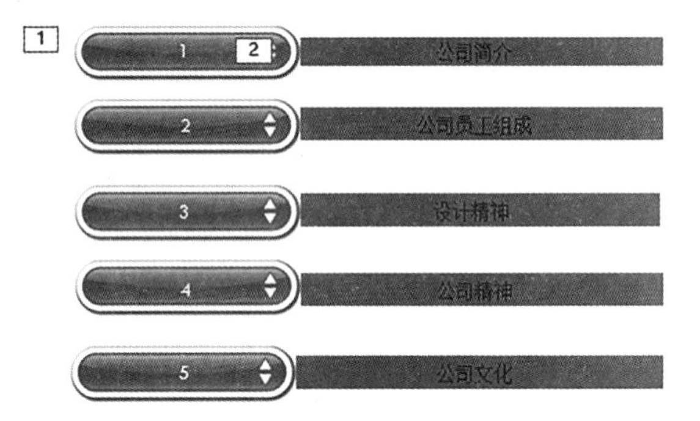

图 4－30　添加“随机线条”动画效果

(8)使用上述操作方法，为其余目录添加“随机线条”动画效果，效果见图 4－31。

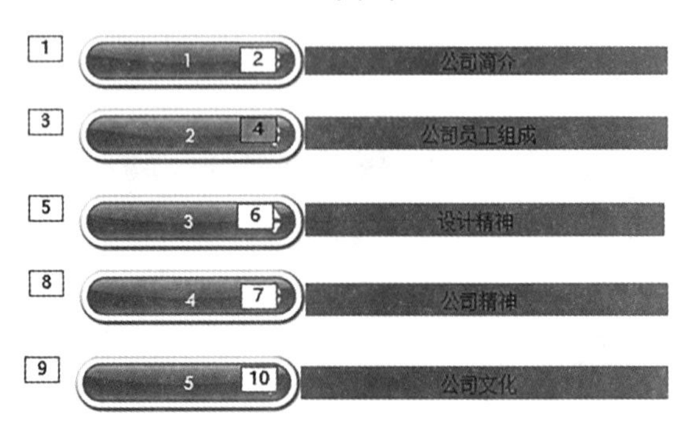

图 4－31　为其余目录添加“随机线条”动画效果

四、设置添加的动画

(1)选择第1张幻灯片,选中主标题文本框,单击“格式”选项卡下“插入形状”组中的“其他”按钮,在弹出的下拉列表中选择“动作按钮”选项组中的“转到开头”按钮,见图4-32。

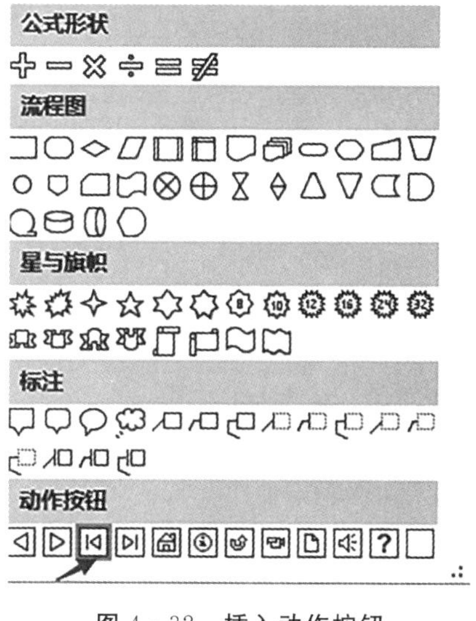

图4-32 插入动作按钮

(2)按住鼠标左键并拖动鼠标,在适当位置绘制“转到开头”按钮,见图4-33。

公司宣传部

图4-33 绘制动作按钮

(3)绘制完成,弹出“操作设置”对话框,选择“单击鼠标”选项卡,选中“无动作”单选按钮,单击“确定”按钮,见图4-34。

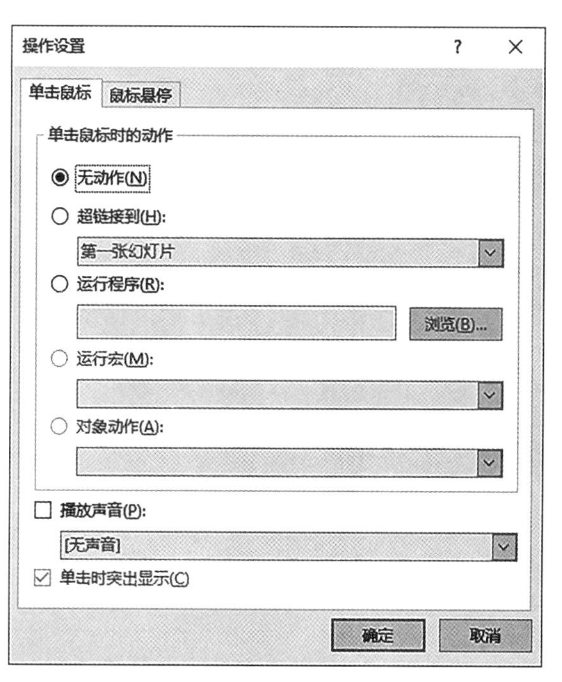

图4-34 在“操作设置”下选择“无动作”

(4)选中主标题文本框，单击“动画”选项卡下“高级动画”组中的“触发”按钮，在弹出的下拉列表中选择“通过单击”→“动作按钮：转到开头 4”选项，见图 4－35。

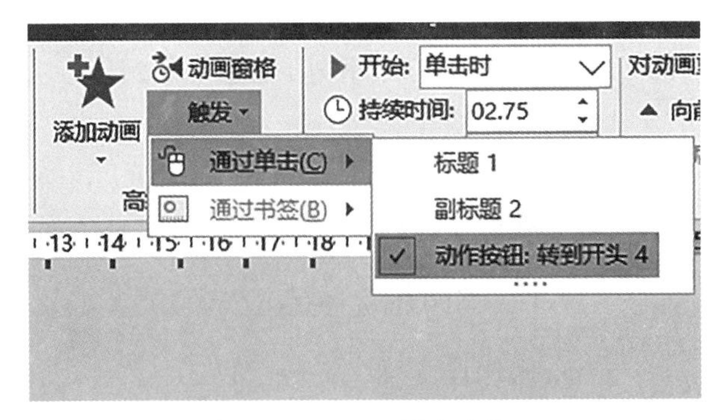

图 4－35　设置触发动作

(5)可使用动作按钮控制标题的动画播放，效果见图 4－36。

XX公司宣传PPT

公司宣传部

图 4－36　设置动作按钮效果

五、添加切换效果

(1)选择第 1 张幻灯片，单击“切换”选项卡下“切换到此幻灯片”组中的“其他”按钮，在弹出的下拉列表中选择“百叶窗”选项，即可为第 1 张幻灯片添加“百叶窗”切换效果，见图 4－37。

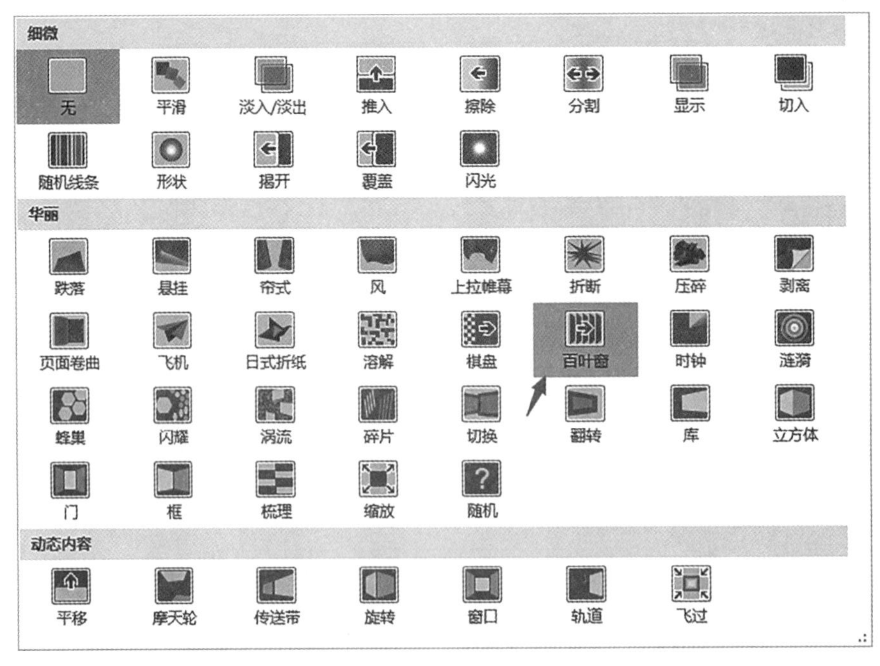

图 4－37　添加“百叶窗”切换效果

(2)选择第1张幻灯片,单击“切换”选项卡下“切换到此幻灯片”组中的“效果选项”按钮,在弹出的下拉列表中选择“水平”选项,见图4-38。

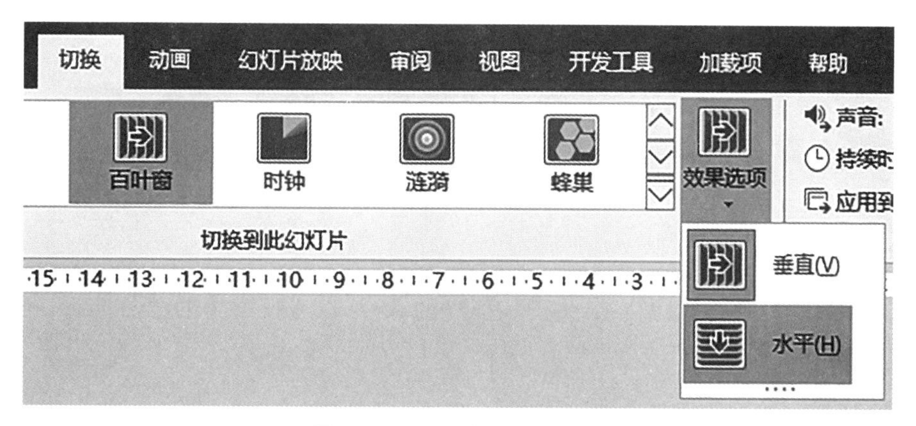

图4-38 设置切换效果方向

(3)单击“计时”组中的“声音”下拉按钮,在弹出的下拉列表中选择“风铃”选项,将“持续时间”设置为“01.00”,见图4-39。

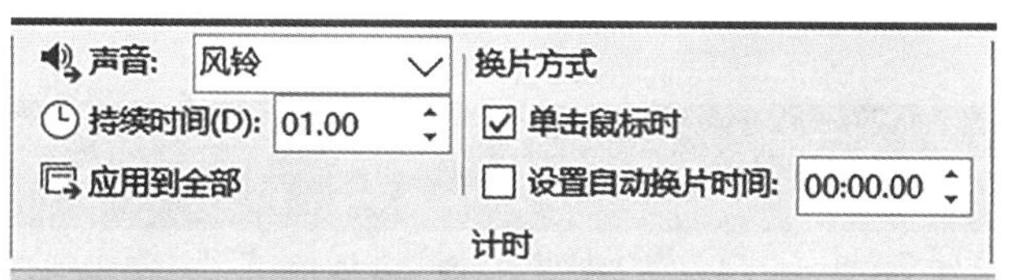

图4-39 设置切换声音

(4)选中“切换”选项卡下“计时”组中“单击鼠标时”和“设置自动换片时间”复选框,将“设置自动换片时间”设置为“01:10.00”,见图4-40。

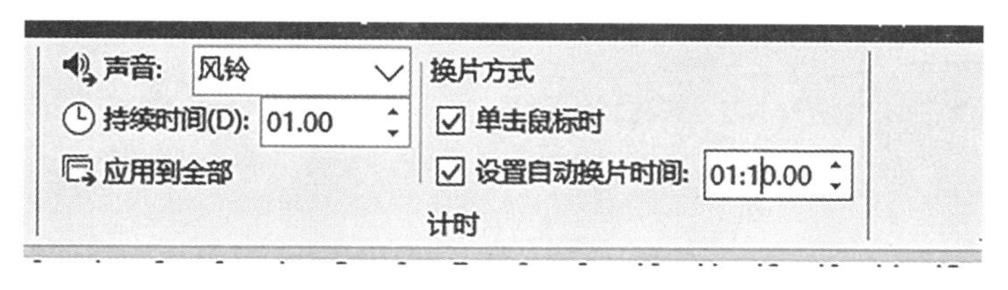

图4-40 设置切换动作和时间

(5)单击“切换”选项卡下“计时”组中的“应用到全部”按钮,即可将设置的显示效果和切换效果应用到所有幻灯片中,见图4-41。

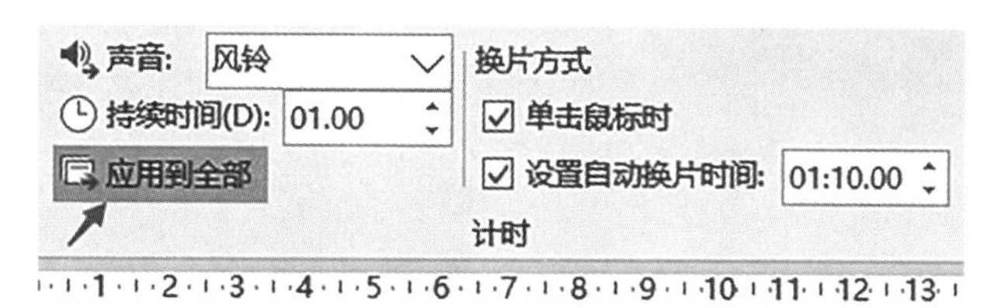

图4-41 将显示和切换效果应用于所有幻灯片

实训扩展

做一个新产品推广PPT,要求如下:添加第一张幻灯片,设置主题为“气流”,在工具栏中选择“仅标题”版式;输入标题,字体设置为“方正姚体(标题),48号,红色,阴影”,设置标题的动画效果为“浮入、下浮,上一动画之后，1.00 秒”；插入音频，设置为“放映时隐藏、循环播放，直到停止，”设置停止播放为“在第 7 张幻灯片之后”；新建幻灯片，按上面步骤设置效果；为每一张幻灯片设置切换效果；保存幻灯片。

实训二 制作教学课件

实训引入

小张是某小学的语文教师，他想做一个关于《春晓》的课件，以激发学生的学习兴趣，提高教学效果，制作步骤如下。

操作步骤

一、PPT 首页设计

(1)新建一个 PowerPoint 演示文稿。双击打开演示文稿，在“插入”选项卡下单击“文本框”按钮，选择“绘制横排文本框”选项，见图 4－42。

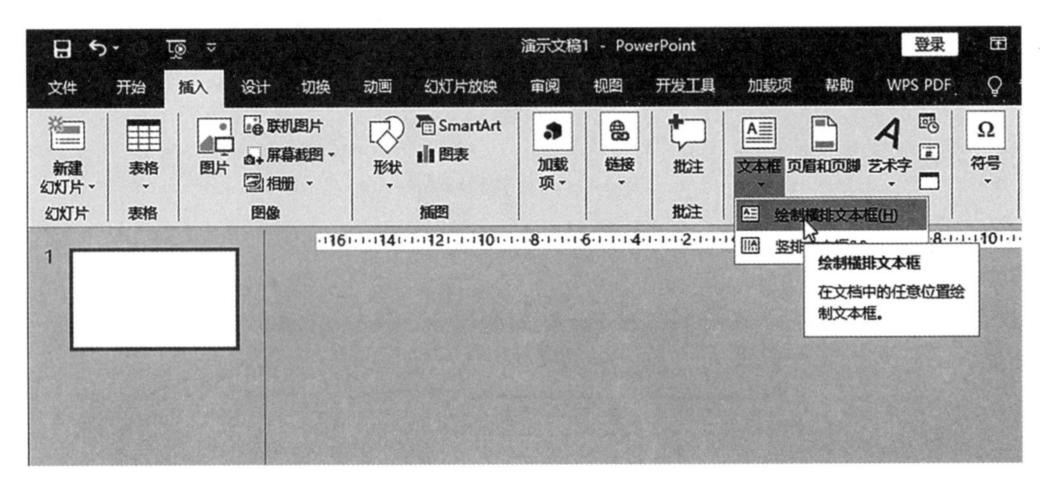

图 4－42 插入文本框

(2)为幻灯片插入两个文本框，分别输入古诗标题和作者，见图 4－43。

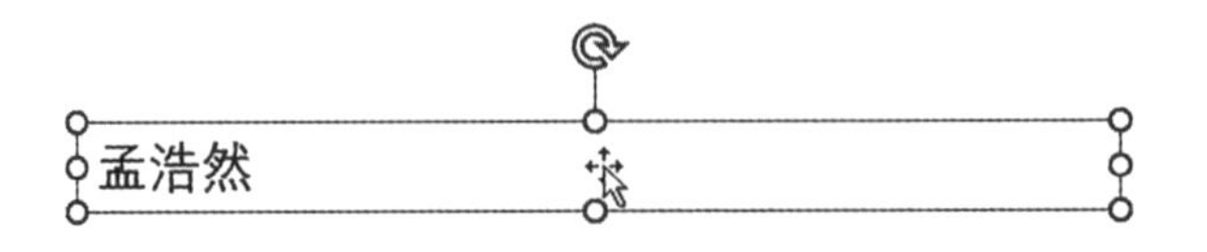

图 4－43 输入标题和作者

(3)选中“《春晓》”，在“开始”选项卡下“字体”组中将字体设置为“宋体”，将字号设置为“54”，字体颜色设置为“黑色”，见图 4－44。

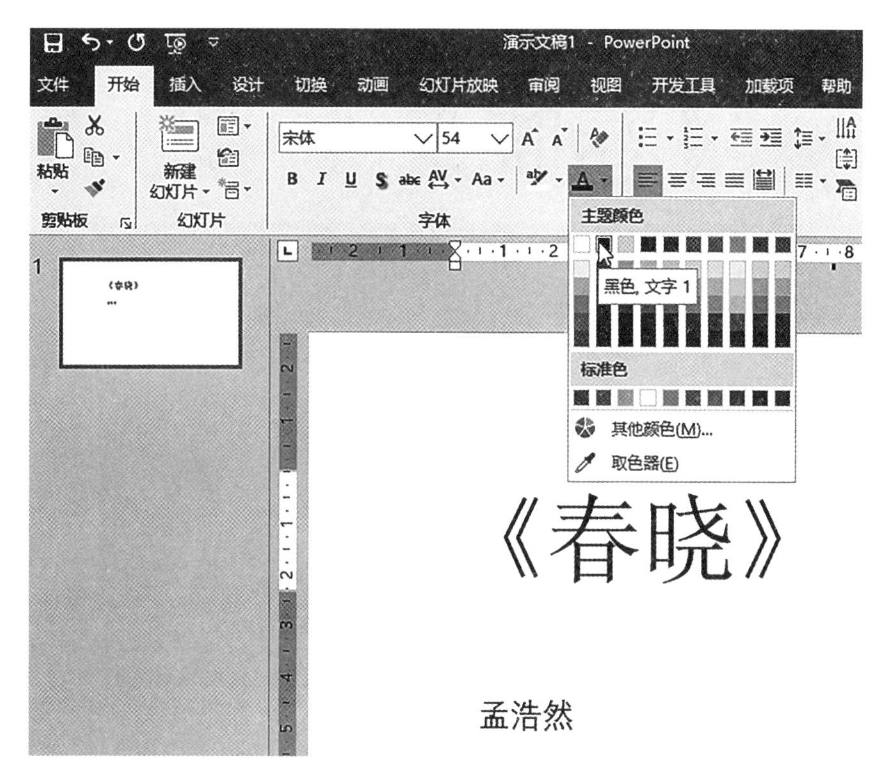

图 4-44　设置标题字体格式

(4)按同样的方法将作者字体设置为“宋体，字号 44 号，黑色”，见图 4-45。

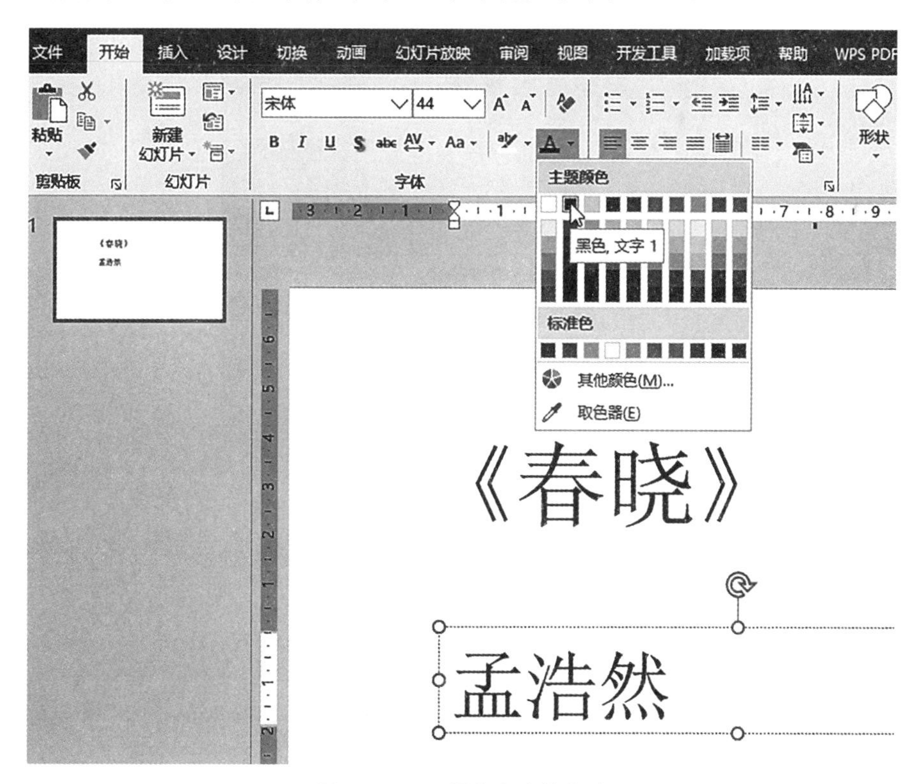

图 4-45　设置作者字体格式

(5)单击“插入”选项卡下“图像”组中“图片”按钮，插入图片，把鼠标放在图片右上角，调整大小至铺满界面，见图 4-46。

图 4-46　插入并调整图片大小

(6)选中图片右击,在弹出的快捷菜单中选择“置于底层”→“置于底层”选项,见图 4-47。

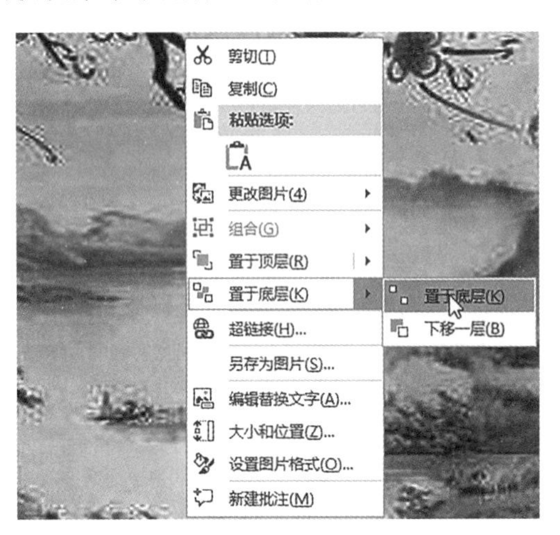

图 4-47　设置图片格式

(7)选中图片,在“动画”选项卡下“动画”组中,设置背景图片的进入效果为“形状”,在“计时”组中设置“开始”选项为“单击时”,持续时间为“2.00 秒”,见图 4-48。

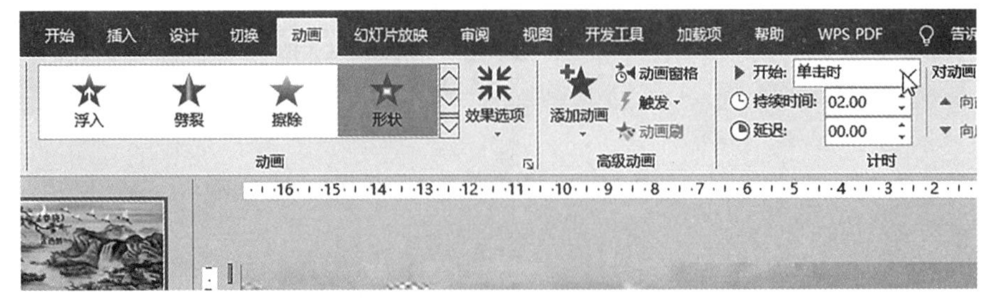

图 4-48　给背景图片设置动画

(8)按同样方法设置古诗名的文本框的动画效果为“形状,单击时,2.00秒”;作者文本框的动画效果为“形状,单击时,0.5秒”。

二、插入其他文件的幻灯片

(1)在当前演示文稿中插入“作者资料.pptx”,在“插入”选项卡下“文本”组中选择“对象”按钮,打开“插入对象”对话框,选择“由文件创建”,见图4-49。

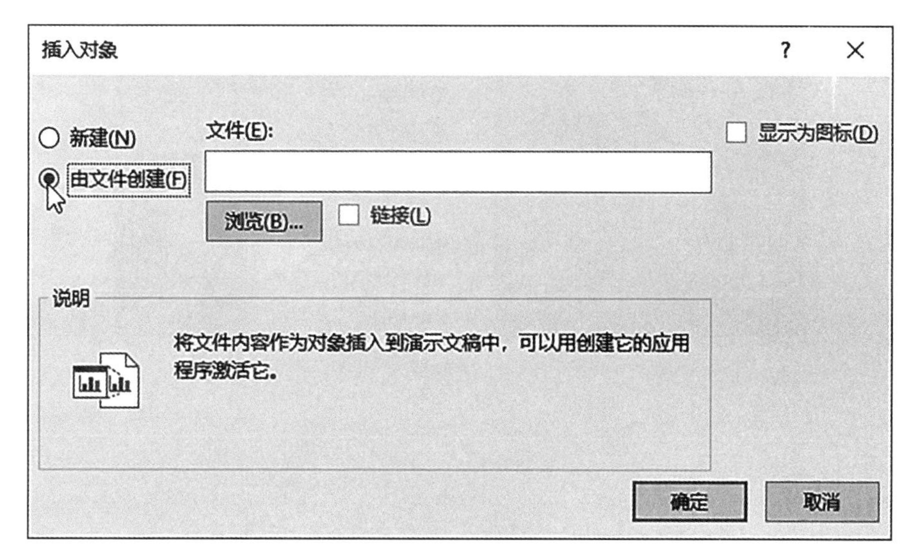

图4-49 在“插入对象”下选择“由文件创建”

(2)单击“浏览”按钮,打开“浏览”对话框,选择“作者资料.pptx”,单击“浏览”对话框“确定”按钮,再单击“插入对象”对话框“确定”按钮,见图4-50。

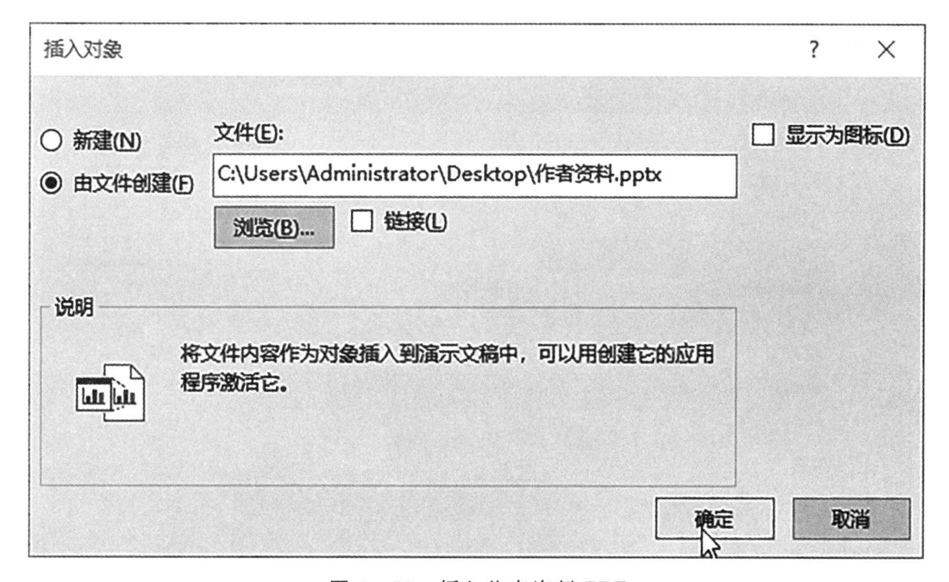

图4-50 插入作者资料PPT

(3)右击“作者资料.pptx”,选中“Presentation对象”→“打开”,即可成功播放插入文件,见图4-51。

图 4-51　播放插入 PPT

(4)保存演示文稿。

三、设置幻灯片的页眉、页脚

(1)在"插入"选项卡下"文本"组中选择"页眉和页脚"命令,打开"页眉和页脚"对话框,见图 4-52。

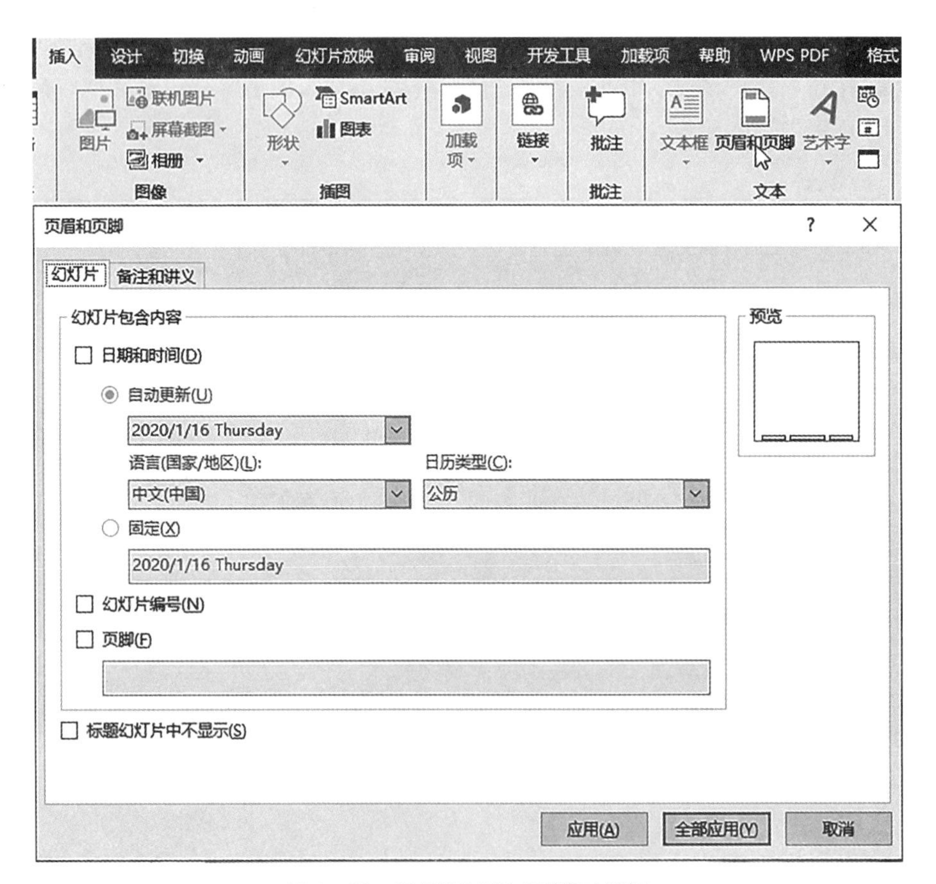

图 4-52　打开"页眉和页脚"对话框

(2)在“页眉和页脚”对话框中选择“幻灯片”选项，在“页脚”处将内容改为年级和课程题目，单击“全部应用”按钮，见图 4-53。

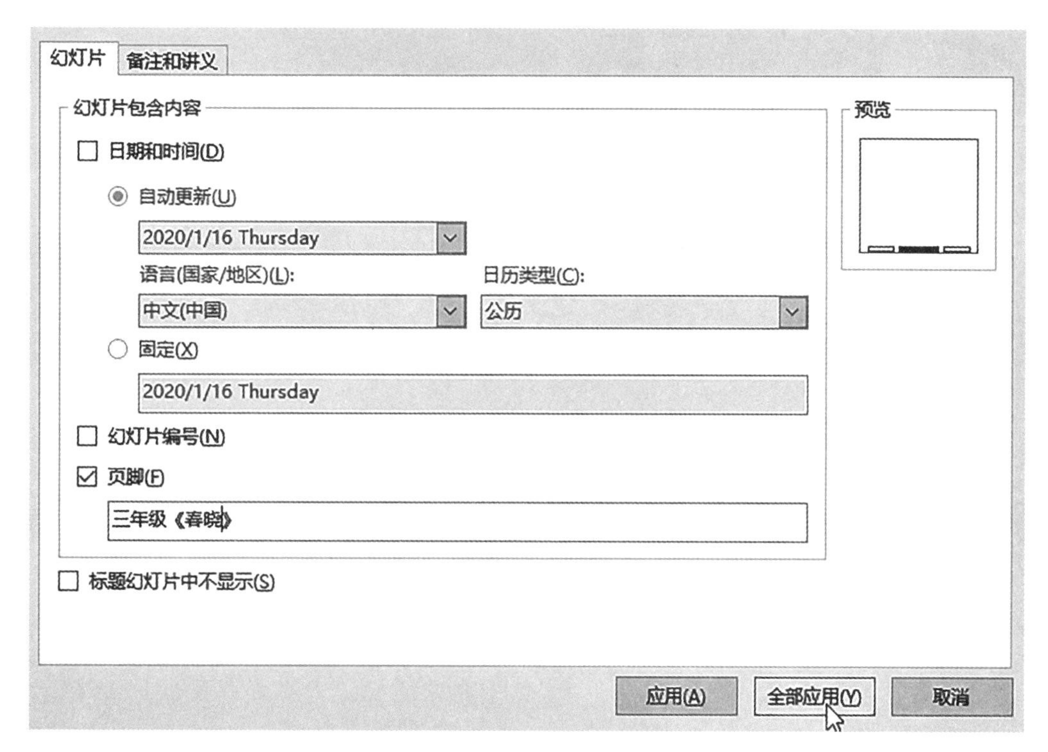

图 4-53　插入页脚

(3)保存演示文稿。

四、设置幻灯片版式

(1)选择第二张幻灯片，在“开始”选项卡下“幻灯片”组中选择“版式”命令，打开任务表格，见图 4-54。单击“内容与标题”，在相应的文本框补充内容与标题。

图 4-54　设置幻灯片版式

(2)单击“插入”选项卡下“媒体”组中的“音频”按钮，选择“PC 上的音频”选项，如图 4-55 所示。

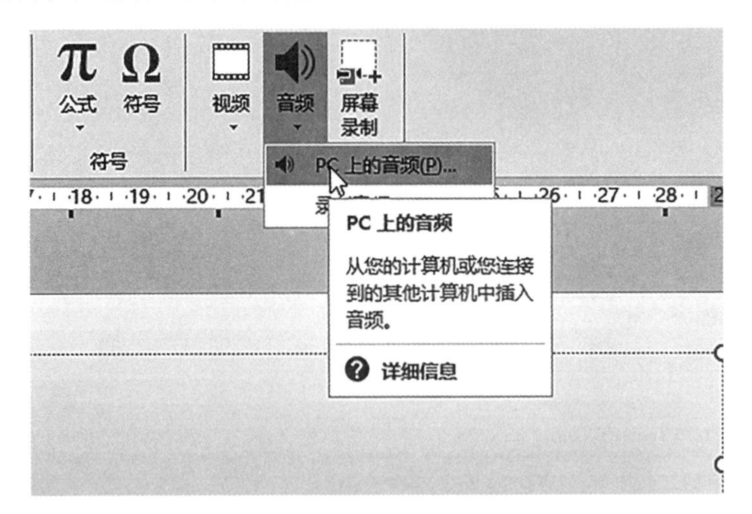

图 4-55 给幻灯片插入音频

(3)打开对话框后选择需要的音频文件，单击“确定”按钮，即可插入音频文件。

实训扩展

制作某公司简介演示文稿，包括首页、公司简介、组织结构、系列产品和经营理念 5 张幻灯片。具体要求：5 张幻灯片标题文字的进入效果都为“劈裂，与上一动画同时，上下向中央收缩，非常快”，并设置其动画文本为“按字母顺序”；设置每张幻灯片标题下方内容的进入效果为“飞入”，开始为“上一动画之后”，方向为“自左侧”，速度为“非常快”，动画文本为“按字母顺序”；第三、第四张幻灯片用绘图工具制作，画矩形或椭圆形，然后输入文字、画箭头和直线，再利用阴影、三维效果等进行制作。

参考文献

[1] 神龙工作室.Word/Excel/PPT 2019 办公应用从入门到精通[M].北京:人民邮电出版社,2019.

[2] 龙马高新教育.Office 2019 办公应用从入门到精通[M].北京:北京大学出版社,2019.

[3] 崔一.计算机应用基础[M].西安:西北工业大学出版社,2015.

[4] 梁铁旺,蒋永丛.计算机应用基础[M].北京:电子工业出版社,2011.

[5] 柳青.计算机导论[M].北京:中国水利水电出版社,2008.

[6] 胡铮.网络与信息安全[M].北京:科学出版社,2011.

[7] 陈春凯,刘坦.计算机应用实务[M].西安:西北工业大学出版社,2010.

[8] 袁芳文,刘辉.计算机应用基础[M].西安:西北工业大学出版社,2015.

[9] 魏群.大学计算机应用基础[M].北京:电子工业出版社,2014.

[10] 董成杰,徐琴,何宏伟.计算机应用基础实验教程[M].北京:电子工业出版社,2014.